ECOLOGÍA II: COMUNIDADES Y ECOSISTEMAS

Consuelo Escolástico León
M.ª Pilar Cabildo Miranda
Rosa M.ª Claramunt Vallespí
Teresa Claramunt Vallespí

ECOLOGÍA II: COMUNIDADES Y ECOSISTEMAS

UNIVERSIDAD NACIONAL DE EDUCACIÓN A DISTANCIA

ECOLOGÍA II: COMUNIDADES Y ECOSISTEMAS
(0160201UD21A01)

Librería UNED: Bravo Murillo, 38; 28015 Madrid
Tels.: 91 398 75 60
e-mail: libreria@adm.uned.es

ISBN: 978-84-362-5160-9 (O.C.)
ISBN: 978-84-362-5161-6 (Vol. II)
Depósito legal: M. 49.580-2009

Primera edición: enero de 2006
Décimo segunda reimpresión: marzo de 2023

Impreso en España - Printed in Spain
Impresión y encuadernación: Masquelibros, S. L.

PEFC
PEFC/14-38-00289
Certificado PEFC
Este producto procede de bosques gestionados de forma sostenible y fuentes controladas
www.pefc.es

ÍNDICE

Unidad Didáctica IV
ECOSISTEMAS: ESTRUCTURA Y FUNCIÓN

PRÓLOGO

El presente texto titulado *Ecología II: Comunidades y Ecosistemas* ha sido elaborado para la segunda parte de la asignatura Ecología de segundo curso de la titulación en Ciencias Ambientales. Está constituido por tres bloques temáticos o Unidades Didácticas III, IV y V, que incluyen un total de diez temas con numeración correlativa a los del texto *Ecología I: Introducción, Organismos y Poblaciones*, al ser una continuación de éste para completar la visión de la Ecología en su totalidad.

La Unidad Didáctica III comprende el tema 9 donde se aborda el estudio de la estructura y el desarrollo de las comunidades, y el tema 10 que explica ampliamente los conceptos de diversidad biológica y biodiversidad, así como su conservación. En la Unidad Didáctica IV, el tema 11 se refiere a los ecosistemas, su estructura y función, desarrollando la teoría de sistemas y los diferentes tipos de ecosistemas. La fijación de la energía, la producción primaria y la producción secundaria de los ecosistemas se trata en los temas 12, 13 y 14. En este último además del flujo de energía a través del ecosistema se discute sobre los niveles tróficos, las cadenas y redes alimentarias, continuando en el tema 15 con los ciclos de la materia. El tema 16 presenta una panorámica del ecosistema en el tiempo. En la Unidad Didáctica V, en el tema 17, se hace una exposición exhaustiva sobre Ecología del paisaje y para finalizar en el tema 18 se tratan todos aquellos aspectos derivados de la interacción entre la especie humana y el medio ambiente, destacando la gestión ambiental y el desarrollo sostenible.

Las autoras

Unidad Didáctica III

ECOLOGÍA DE COMUNIDADES

9

CONCEPTO, ESTRUCTURA Y DESARROLLO DE LAS COMUNIDADES

Reserva marina de Tabarca (Alicante, España).

SUMARIO

OBJETIVOS

1. Analizar el concepto de comunidad.
2. Conocer su estructura.
3. Comprender la influencia de las especies dominantes sobre la estructura.
4. Estudiar los componentes de la diversidad de las especies.
5. Cuantificar la diversidad mediante índices.
6. Discutir la estructura física de la comunidad.
7. Analizar la variación espacial en la estructura física y biológica.
8. Entender en que consiste la fragmentación del hábitat.

9.1. CONCEPTO DE COMUNIDAD

La comunidad, denominada también comunidad biótica es un nivel de organización natural que incluye todas las poblaciones de un área determinada en un momento del tiempo. Las poblaciones de organismos no son entidades independientes aisladas unas de otras, sino que al compartir ambientes y hábitats interaccionan entre sí de formas muy diferentes, en cierto modo la comunidad puede ser considerada como un superorganismo. En sentido amplio podemos definir una ***comunidad*** como un conjunto de organismos que interaccionan directa o indirectamente.

Las especies que dentro de una comunidad realizan funciones similares o explotan el mismo recurso constituyen un ***gremio***, término que fue introducido por Root en 1967. Así el canguro y la oveja aunque morfológicamente diferentes son miembros del mismo gremio, cuando viven uno al lado del otro presentan dietas similares.

Existen otras definiciones de comunidad más restrictivas, por ejemplo los zoólogos aplican el término a especies relacionadas tales como la comunidad de pájaros o la comunidad de mamíferos de un bosque o prado determinado, o los botánicos prefieren utilizar ***asociación*** para describir a una comunidad de plantas con una composición definida de especies.

En ecología el término comunidad se utiliza para contrastar características básicas, así se habla de comunidades ***autótrofas***, como los bosques y prados, qué únicamente requieren de la energía solar para realizar la fotosíntesis, y de comunidades ***heterótrofas***, en el caso de grupos de organismos que dependen de la comunidad autótrofa para obtener su energía.

FIGURA 9.1. Fauna de las islas Cies (Vigo, España).

A pesar de las diversas clasificaciones, todas las comunidades poseen ciertas características que definen su estructura biológica y física, y que varían en el espacio y en el tiempo. La comunidad hasta ciertos límites reacciona como un todo y en condiciones de equilibrio transmite su estructura y composición a través del tiempo.

9.2. ESTRUCTURA BIOLÓGICA DE LA COMUNIDAD

La ***estructura biológica de una comunidad*** viene definida por la composición de especies, que incluye tanto su número como abundancia relativa.

Una comunidad puede estar formada por:

- Unas pocas especies comunes.
- Una gran variedad de especies, algunas comunes con alta densidad poblacional, pero la mayoría con bajas densidades poblacionales.

Cuando una única o unas pocas ***especies*** predominan en una comunidad, se dice que son ***dominantes***. Los dominantes pueden ser aquellos organismos que son más numerosos, los que poseen mayor biomasa, los que acaparan la mayoría del espacio, los que contribuyen en mayor proporción al flujo de energía o ciclo de nutrientes y en definitiva aquellos que de alguna manera controlan o influyen sobre el resto de la comunidad.

Para determinar las especies dominantes existen diferentes parámetros o medidas de dominancia que se indican a continuación, y que pueden expresarse también en porcentajes:

- ***Dominancia***: área basal o área mínima (área de cobertura) de la especie A dividida por área muestreada.
- ***Dominancia relativa***: área basal de la especie A dividida por área basal total o área de cobertura de todas las especies.
- ***Densidad relativa o abundancia relativa***: total de individuos de la especie A dividido por total de individuos de todas las especies.
- ***Frecuencia***: intervalos o puntos donde aparece la especie A dividido por número total de parcelas o puntos muestreados.
- ***Frecuencia relativa***: valor de frecuencia de la especie A dividido por valor total de frecuencia de todas las especies.
- ***Valor de importancia***: dominancia relativa + densidad relativa + frecuencia relativa.

Una especie vegetal puede ser la más abundante pero ejercer una escasa influencia sobre la comunidad, así en un bosque aunque el número de árboles pequeños o que ocupan una posición por debajo de la zona de copas sea muy grande, el control de la comunidad lo realizan los árboles grandes que, aunque son menos, ensombrecen a los pequeños. En dicha situación los organismos dominantes no son los más abundantes sino los que poseen mayor biomasa o acaparan la mayoría del espacio de copas y de este modo controlan la distribución de la luz.

En general la especie dominante suele ser aquella que es esencial para el flujo de energía o circulación de nutrientes de la comunidad, aunque existen excepciones. Veamos el caso de la estrella de mar (*Pisaster* spp.) que depreda sobre diversas especies asociadas y reduce la interacciones competitivas entre ellas, de modo que mantiene la composición de especies. Si se elimina la depredadora, varias especies presa desaparecen y una se convierte en dominante.

Las especies dominantes alcanzan esta condición a expensas de otras especies de la comunidad, como en el caso del castaño americano (*Castanea dentata*) que fue el dominante de los bosques de robles y castaños de la zona este de Norteamérica hasta principios del siglo XX, momento en que sus poblaciones fueron diezmadas por el chancro producido por el hongo *Endothia parasitica* (ahora denominado *Cryphonectria parasitica*) importado de Asia (Figura 9.2). Desde ese momento otras especies entre las que se encuentran el roble (*Quercus rubra*), el nogal americano (*Juglans nigra*) o el tulipero de Virginia (*Liriodendron tulipifera*) se han apoderado de la posición que ocupaba el castaño en dichos bosques.

FIGURA 9.2. Tronco de *Castanea dentata* diezmado por *Cryphonectria parasitica*.

El concepto de dominancia de una especie depende del contexto y por ello hay que definir el criterio antes de proceder a su determinación.

9.3. DIVERSIDAD ALFA

En una comunidad el número de especies (***riqueza de especies***) y su abundancia relativa (***equidad de especies***) definen la ***diversidad de especies***. La diversidad en el interior de cada comunidad o tipo de hábitat se denomina ***diversidad alfa***.

La medida de la abundancia relativa se realiza contando todos los individuos de cada especie en una serie de parcelas de muestreo dentro de una comunidad y determinando el porcentaje de contribución de cada uno al conjunto de la comunidad.

En la tabla 9.1 se representan las estructuras biológicas de los bosques montanos de la vertiente norte del Parque Nacional Cruz Carrillo (Guaramacal) en Venezuela, a tres altitudes diferentes. La primera a 1.830 m consiste en un total de 53 especies de las que un 79,25% son árboles, le siguen en abundancia las lianas con un 11,32% y las palmeras con un 5,71%, el resto de especies representando únicamente alrededor del 5%. A 2.350 m vemos que la diversidad florística ha aumentado, pero a 2.580 m el número de especies ha disminuido prácticamente a la mitad y la abundancia relativa de hemiepífitas e hierbas altas es mayor del 10%.

TABLA 9.1. Estructura de bosque montano (Guaramacal), individuos de ≥ 2,5 cm dbh (diámetro medido a una altura definida por encima del nivel del suelo) en parcelas de 0,1 ha (20 × 50 m²)

altitud	árboles	palmas	helechos arborescentes	lianas	hemiepífitas	hierbas altas y trepadoras	Total especies
1.830	79,25	5,71	1,83	11,32	0,00	1,89	53
2.350	81,67	1,69	1,67	11,67	1,67	1,67	60
2.580	75,00	3,13	3,13	6,25	9,38	3,13	32

Esta comunidad boscosa ilustra un patrón de dominancia donde hay unas pocas especies muy abundantes junto con muchas especies escasamente representadas.

Los dos componentes riqueza de especies y equidad de especies ilustran la diversidad. Una comunidad que contiene unos pocos individuos de muchas especies posee una mayor diversidad que otra con el mismo numero total de individuos pero que pertenecen solamente a unas pocas especies. Por ejemplo, una comunidad con diez especies y diez individuos por especie, tiene una diversidad mayor que otra comunidad con diez especies que tenga a los 100 individuos distribuidos como 90, 2, 1, 1, 1, 1, 1, 1, 1, 1.

Para la cuantificación de la diversidad dentro de las comunidades ***(alfa)*** existen diferentes ***índices*** en función de las variables biológicas que miden. Se pueden dividir en dos grandes grupos:

i) los basados en la cuantificación del número de especies presentes (riqueza específica).
ii) y los basados en la estructura de la comunidad, es decir la distribución del valor de importancia de cada especie. Estos últimos pueden a su vez clasificarse según se basen en la dominancia o en la equidad de la comunidad.

En el ***primer grupo*** cabe destacar:

- ***Riqueza específica (S)***: Número total de especies obtenido por un censo de la comunidad. En la tabla 9.2 para las comunidades de selva mediana y cultivo de maíz la riqueza específica de murciélagos es 11 y 7 especies.

TABLA 9.2. Número de individuos de murciélagos de la subfamilia *Stenodermatinae* registrados en dos comunidades: selva mediana y cultivo de maíz

n_i = número de individuos de la especie i, p_i = abundancia relativa de la especie i ($p_i = n_i/N$)

especie	selva n_i	selva p_i (%)	cultivo n_i	cultivo p_i (%)
Artibeus jamaicensis	84	17,0	48	20,8
Artibeus intermedius	35	7,1	56	24,4
Artibeus lituratus	9	1,8	58	25,2
Dermanura phaeotis	50	10,1	0	0
Dermanura tolteca	4	0,8	1	0,4
Dermanura watsoni	8	1,6	0	0
Chiroderma salvini	5	1,0	3	1,3
Centurio senex	15	3,0	0	0
Platyrrhinus helleri	8	1,6	0	0
Sturnira ludovici	265	53,8	62	27,0
Sturnira lilium	10	2,0	2	0,9
Número total de individuos N	493		230	
Total especies	11		7	

- ***Índice de diversidad de Margalef***

$$D_{Mg} = \frac{S - 1}{\ln N}$$

donde S es el número de especies y ln N el logaritmo neperiano del total de individuos. Es un índice que transforma el número de especies por muestra a una proporción a la cual las especies son añadidas por expansión de la muestra. Supone que hay una relación funcional entre el número de especies y el número total de individuos, y si esto no se mantiene entonces el índice varía con el tamaño de muestra de forma desconocida. El D_{Mg} es igual a cero cuando hay una sola especie. Este índice no expresa las diferencias entre comunidades que tienen los mismos S y N.

Para los datos de la tabla 9.2, en el caso de la selva D_{Mg} es igual a 1,61 y para el cultivo a 1,10.

En el ***segundo grupo*** de métodos destacan los índices de abundancia proporcional siguientes:

- ***Índice de dominancia de Simpson***, que manifiesta la probabilidad de que extrayendo de la comunidad dos individuos al azar, los dos sean de la misma especie y se representa cómo:

$$\lambda = \Sigma \ p_i^2$$

donde p_i representa la abundancia relativa de la especie i, es decir el número de individuos de la especie i dividido por el número total de individuos N de la muestra.

En el caso de la tabla 9.2, el índice de Simpson calculado (se han redondeado los valores de pi) para la selva es:

$$\lambda = 0{,}17^2 + 0{,}07^2 + 0{,}02^2 + 0{,}10^2 + 0{,}01^2 + 0{,}02^2 + 0{,}01^2 + 0{,}03^2 + 0{,}02^2 + 0{,}54^2 + 0{,}02^2 = 0{,}34$$

y para el cultivo:

$$\lambda = 0{,}21^2 + 0{,}24^2 + 0{,}25^2 + 0{,}01^2 + 0{,}27^2 + 0{,}01^2 = 0{,}24$$

Como el índice de Simpson es inverso a la equidad de especies, la diversidad puede calcularse como 1 - λ.

- ***Índice de Shannon-Wiener***, que expresa la uniformidad de los valores de importancia a través de todas las especies de la muestra. Es una medida del grado promedio de incertidumbre en predecir a que especie pertenecerá un individuo escogido al azar de una colección.

$$H' = -\Sigma \; p_i \ln \; p_i$$

Asume que los individuos son seleccionados al azar y que todas las especies están representadas en la muestra. Adquiere valores entre cero cuando hay una sola especie, y el logaritmo de S cuando todas las especies están representadas por el mismo número de individuos.

Para el ejemplo de la comunidad de murciélagos en la selva de la tabla 9.2, el índice de Shannon-Wiener calculado es:

$$H' = -[(0{,}17 \ln 0{,}17) + (0{,}07 \ln 0{,}07) + (0{,}02 \ln 0{,}02) + (0{,}10 \ln 0{,}10) + (0{,}01 \ln 0{,}01) + (0{,}02 \ln 0{,}02) + (0{,}01 \ln 0{,}01) + (0{,}03 \ln 0{,}03) + (0{,}02 \ln 0{,}02) + (0{,}54 \ln 0{,}54) + (0{,}02 \ln 0{,}02)] = 1{,}53$$

Aplicando el mismo procedimiento el valor del índice de Shannon-Wiener para el cultivo es de 1,49.

En el cálculo de índices que utilizan logaritmos el resultado como es obvio dependerá del tipo de logaritmo, ya que los valores son distintos según se usen logaritmos base 10 o logaritmos neperianos.

9.4. DIVERSIDADES BETA Y GAMMA

Hasta ahora hemos considerado medidas de diversidad dentro de una comunidad o diversidad alfa, pero las comunidades no están aisladas en un entorno neutro sino que en cada unidad geográfica o paisaje se encuentra un número variable de comunidades. Para comprender los cambios de la biodiversidad con relación a la estructura del paisaje es muy útil la separación de los componentes alfa, beta y gamma propuesta por Whittaker en 1972, especialmente para medir y monitorizar los efectos de las actividades humanas.

La diversidad ***beta*** es el grado de cambio o reemplazo en la composición entre diferentes comunidades en un paisaje y la diversidad ***gamma*** es la riqueza de especies del conjunto de comunidades que integran un paisaje, resultante tanto de las diversidades alfa como de las diversidades beta.

FIGURA 9.3. Diversidad de especies.

Las diversidades alfa y gamma pueden medirse fácilmente en función del número de especies, pero la diversidad beta está basada en proporciones o diferencias. Estas proporciones pueden evaluarse en base a índices o coeficientes de similitud, de disimilitud o de distancia entre las muestras a partir de datos cualitativos (presencia-ausencia de especies) o cuantitativos (abundancia proporcional de cada especie medida como número de individuos, biomasa, densidad, cobertura, etc.), o bien con índices de diversidad beta propiamente dichos.

9.4.1. Índices de similitud/disimilitud o distancia

Los índices de similitud/disimilitud o distancia expresan el grado en que las dos muestras son semejantes por las especies presentes en ellas, por lo que son una medida inversa de la diversidad beta que se refiere al cambio de especies entre dos comunidades. Sin embargo a partir de un valor de similitud (s) se puede calcular el de disimilitud (d): d = 1 – s.

Índices de datos cualitativos

- ***Coeficiente de similitud o coeficiente de comunidad de Sörensen***

Se expresa como:

$$I_s = \frac{2c}{a + b}$$

donde c es el número de especies comunes a ambas comunidades y a y b el número de especies en cada sitio o comunidad A y B.

Como vemos este índice relaciona el número de especies en común con la media aritmética de las especies de ambas comunidades y siguiendo con la comparación entre selva (sitio A) y cultivo de maíz (sitio B) de la tabla 9.2, el cálculo de I_s es $(2 \times 7) / (11 + 7) = 0{,}778$.

- ***Coeficiente de similitud de Jaccard***

$$I_J = \frac{c}{a + b - c}$$

El intervalo de valores para este índice va de 0 cuando no hay especies compartidas entre ambos sitios, hasta 1 cuando los dos sitios tienen la misma composición de especies.

Para el ejemplo de la tabla 9.2, $I_J = 7 / (11 + 7 - 7) = 0{,}636$.

Índices de datos cuantitativos

- ***Coeficiente de similitud de Sörensen para datos cuantitativos***

$$I_{Scuant} = \frac{2pN}{aN + bN}$$

donde aN y bN son el número total de individuos en las comunidades A y B, respectivamente y pN es el sumatorio de la abundancia más baja de cada una de las especies compartidas entre ambos sitios.

Para la comparación entre la selva (sitio A) y el cultivo (sitio B) tendremos:

$$aN = 493,\ bN = 230,\ pN = 48 + 35 + 9 + 1 + 3 + 62 + 2 = 160$$

y un valor de I_{Scuant} de 0,443.

- ***Índice de Morisita-Horn***

Es uno de los más utilizados, aunque está fuertemente influido por la riqueza de las especies y el tamaño de las muestras y tiene la desventaja de ser muy sensible a la abundancia de la especie más abundante.

$$I_{M-H} = \frac{2\sum\ (an_i \times bn_j)}{(da + db)\ aN \times bN}$$

donde an_i es el número de individuos de la i-ésima especie en el sitio A, bn_j el número de individuos de la j-ésima especie en el sitio B, y

$$da = \Sigma\ an_i^2 / aN^2$$
$$db = \Sigma\ bn_j^2 / bN^2$$

Siguiendo con el ejemplo de la tabla 9.2 tendremos:

$$\Sigma\ (an_i \times bn_j) = [(84 \times 48) + (35 \times 56) + \ldots (10 \times 2) = 22.983$$
$$da = \Sigma\ an_i^2 / aN^2 = (84^2 + 35^2 + \ldots + 10^2) / 493^2 = 0,336$$
$$db = \Sigma\ bn_j^2 / bN^2 = (48^2 + 56^2 + \ldots + 2^2) / 230^2 = 0,239$$
$$I_{M-H} = 0,705$$

9.4.2. Índices de reemplazo

Los índices de reemplazo de especies proporcionan un valor de diversidad beta en el sentido biológico descrito por Whittaker y se basan en datos cualitativos, presencia-ausencia, de especies.

- ***Índice de Whittaker***

Whittaker describe la diversidad gamma (γ) como la integración de las diversidades beta (β) y alfa (α), por lo que beta puede calcularse como la relación γ/α es decir:

$$\beta = \frac{S}{\alpha - 1}$$

donde S es el número de especies registradas en un conjunto de muestras (diversidad gamma) y α el número promedio de especies en las muestras (alfa promedio).

El índice de diversidad beta entre las comunidades selva y cultivo será:

$$\beta = 11 / (9 - 1) = 1{,}375.$$

Este índice ha demostrado ser el más sólido para medir el reemplazo entre comunidades.

9.4.3. Complementariedad

El concepto de complementariedad se refiere al grado de disimilitud en la composición de especies entre pares de biotas. Para obtener el valor de complementariedad obtenemos primero dos medidas:

i) la riqueza total para ambos sitios A y B combinados:

$$S_{AB} = a + b - c$$

donde a es el número de especies del sitio A, b es el número de especies del sitio B y c es el número de especies en común entre los sitios A y B.

ii) el número de especies únicas en cualquiera de los dos sitios:

$$U_{AB} = a + b - 2c$$

A partir de estos valores se calcula la complementariedad de los sitios A y B como:

$$C_{AB} = U_{AB} / S_{AB}$$

C_{AB} varía desde cero cuando ambos sitios son idénticos en composición de especies, hasta uno cuando las especies de ambos sitios son completamente distintas.

Para obtener la complementariedad de murciélagos entre la selva y el cultivo se calcula:

$S_{AB} = 11 + 7 - 7 = 11$

$U_{AB} = 11 + 7 - (2 \times 7) = 18 - 14 = 4$

$C_{AB} = 4/11 = 0{,}36$, valor que puede expresarse como el porcentaje de especies de murciélagos que son complementarias entre la selva y el cultivo, 36%.

En lo que se refiere a la diversidad gamma, Whittaker la define como la riqueza en especies de un grupo de hábitats (un paisaje, un área geográfica, una isla) que resulta como consecuencia de la diversidad alfa de las comunidades individuales y del grado de diferenciación entre ellas (diversidad beta).

Sin embargo la mayoría de intentos de medir la biodiversidad en áreas que incluyen más de un tipo de comunidad se limitan a presentar listas de especies de sitios puntuales (diversidad alfa), describiendo la diversidad regional (gamma) únicamente en términos de números de especies o bien con cualquier otra medida de diversidad alfa.

Finalizar señalando que no existe un método óptimo para la medida de la diversidad de especies, ésta tiene diferentes facetas y para cada una de ellas habrá que buscar la aproximación más adecuada.

9.5. ESTRUCTURA FÍSICA DE LA COMUNIDAD

Las comunidades se caracterizan, además de por su composición de especies y su estructura biológica, por sus rasgos físicos. La ***estructura física de la comunidad*** refleja factores abióticos como la profundidad y flujo de agua en ambientes acuáticos y factores bióticos como la configuración espacial de los organismos.

Así, en un bosque, el tamaño y la altura de los árboles y la densidad y dispersión de sus poblaciones definen los atributos físicos de la comunidad. La forma y estructura de las comunidades terrestres reflejan la vegetación, las plantas pueden ser altas o bajas, caducas o perennes, herbáceas o leñosas y tales características pueden describir formas de crecimiento. Se habla de árboles, arbustos, y hierbas y después se subdividen las categorías en perennes de hojas de aguja o de hojas anchas, árboles caducos de hoja ancha, árboles y arbustos espinosos, arbustos enanos, helechos, gramíneas, plantas herbáceas con flores, musgos y líquenes.

C. Raunkiaer en 1903 clasificó las formas de vida vegetales según la relación entre los tejidos meristemáticos o embrionarios que permanecen inactivos a lo largo del invierno o de prolongados periodos de sequía, ***los tejidos perennáticos***, y su altura por encima del nivel del suelo. Entre los tejidos perennáticos se incluyen yemas, bulbos, tubérculos, raíces y semillas. El sistema de Raunkiaer reconoce seis formas de vida principales, que se presentan en la figura 9.4, en las que pueden ser agrupadas todas las especies dentro de una comunidad.

- ***Fanerofitos***: Yemas perennes con una posición aérea y expuesta a condiciones climáticas variables. Árboles y arbustos de talla mayor de 25 cm típicos de ambientes cálidos y húmedos.
- ***Caméfitos***: Renuevos perennes o yemas en la superficie del suelo o hasta 25 cm de altura. Típicos de climas fríos y secos.
- ***Hemicriptofitos***: Yemas perennes en la superficie del suelo, donde se encuentran protegidas por el suelo y las hojas. Plantas que desarrollan rosetas de hojas. Característicos de climas fríos y húmedos.
- ***Criptofitos***: Yemas perennes enterradas en el suelo en un bulbo o rizoma, donde se encuentran protegidas de las heladas y la sequedad. Típicos de climas fríos y húmedos.
- ***Terofitos***: Plantas anuales, con un ciclo de vida completo de semilla a semilla, en una única estación. Las plantas sobreviven como semillas a las condiciones adversas, y son típicos de desiertos y pastos.
- ***Epifitos***: Plantas que crecen sobre otras plantas con raíces aéreas.

Las hierbas se clasifican como criptofitas porque los tejidos que desarrollan sobre el nivel del suelo mueren en invierno o durante periodos largos de sequía.

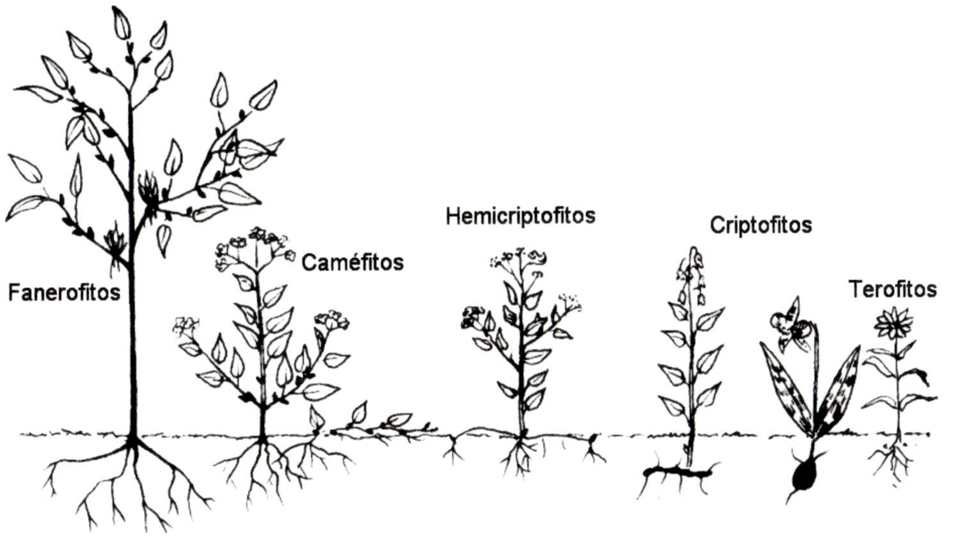

FIGURA 9.4. Formas de vida vegetal según Raunkiaer.

Este sistema de clasificación constituye un método estándar para la clasificación de la estructura de una comunidad a efectos de comparación: una vez clasificadas las especies dentro de una comunidad en cada una de las formas de vida anteriores, podemos expresarlas en porcentajes y obtener un espectro de formas de vida que reflejará las adaptaciones de las plantas al ambiente y particularmente al clima.

9.5.1. Estructura vertical

Cada comunidad posee una estructura vertical característica, que proporciona el armazón físico al que están adaptadas a vivir muchas formas de vida animal.

En tierra viene esencialmente determinada por la forma de las plantas, es decir su tamaño, la forma de ramificar y hojas. La forma de las plantas influye y es a su vez influenciada por el gradiente vertical de luz.

Así en un sistema boscoso se distinguen varias capas de vegetación que de arriba hasta abajo son:

- La zona de copas, que constituye el lugar primario de fijación de energía a través de la fotosíntesis y es la que mayor influencia tiene sobre el resto del bosque.

- El sotobosque, que estará bien desarrollado si la zona de copas es abierta y permite que la luz entre a las capas inferiores, pero que mostrara un pobre desarrollo si las copas son densas y cerradas.
- La capa de arbustos.
- La capa herbácea o de tierra, que dependerá de la humedad del suelo y de las condiciones nutritivas, la orientación de la vertiente, la densidad de copas y del sotobosque y la exposición de la ladera.
- El suelo forestal, donde tiene lugar el proceso de descomposición en el que la materia orgánica en putrefacción libera los nutrientes para su reutilización por parte de las especies vegetales del bosque.
- Y se puede continuar hasta abajo con la capa radicular y los estratos del suelo.

En los ecosistemas acuáticos, lagos y océanos, los estratos los determina la penetración de la luz.

Los lagos bien estratificados presentan en el verano una primera capa de agua en libre circulación el ***epilimnion***, una segunda el ***metalimnion*** que se caracteriza por presentar un termoclina, el ***hipolimnion*** que es una capa de agua densa, fría y profunda a unos 4 °C con en general una baja concentración de oxígeno, y una ***capa de barro*** en el fondo.

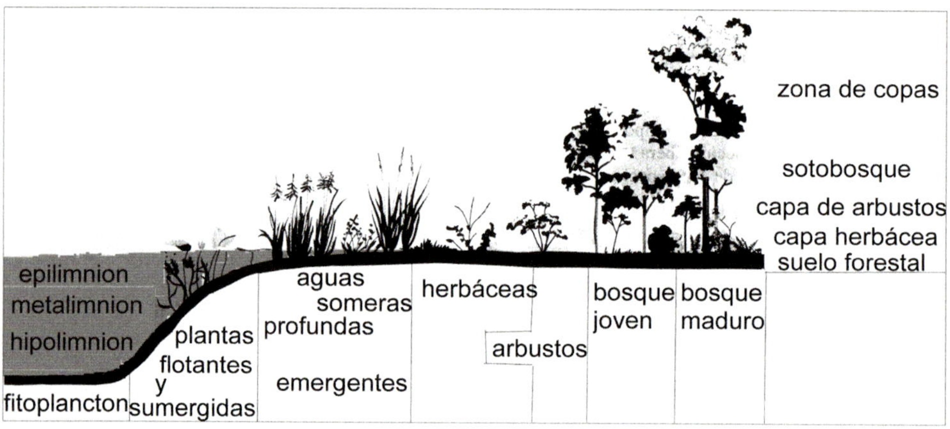

FIGURA 9.5. Estructura física de las comunidades acuáticas y terrestres.

Según la penetración de la luz se reconocen dos capas estructurales, la ***zona trofogénica*** o superior dominada por el fitoplancton que es el lugar de la fotosíntesis y la ***zona trofolítica***, inferior en la que la descomposición es más activa, que se correspondería al hipolimnion y al fondo de barro.

En resumen, todas las comunidades tanto terrestres como acuáticas presentan una estructura biológica similar relacionada con estos patrones de zonación vertical: una capa autótrofa concentrada en la región con más luz donde ocurre la fotosíntesis, y una capa heterótrofa que utiliza el carbono almacenado por los autótrofos como fuente de energía.

9.5.2. Estructura horizontal y dispersión

En las comunidades terrestres, la estructura del suelo, su fertilidad, las condiciones de humedad y su orientación influyen en la microdistribución de las plantas. Los patrones de luz y de sombra determinan el desarrollo de la vegetación inferior, las inundaciones y pequeñas variaciones en la topografía y en el microclima producen patrones bien definidos de crecimiento vegetal.

Por otro lado los animales que se alimentan del pasto ejercen sutiles pero importantes efectos sobre los patrones de vegetación, como los ejercen las perturbaciones abióticas tales como el viento y el fuego. Las plantas con semillas que pueden ser transportadas por el viento se distribuyen ampliamente mientras que aquellas con semillas pesadas o con una reproducción vegetativa pronunciada se agrupan cerca de la planta parental.

Las perturbaciones causadas por la muerte de individuos o grupos de individuos crean un ***claro*** o abertura entre el follaje y en el sustrato.

Al igual que la zonación vertical, la estructura horizontal formando parches de vegetación que componen un mosaico a lo largo del paisaje, influye sobre la distribución y diversidad de la vida animal dentro de la comunidad.

Por último la dispersión de poblaciones dentro de un área determinada es característica para cada comunidad. Si comparamos la posición horizontal de los árboles en un bosque de la zona central de Virginia (Norteamérica) y una sabana en Natal (Sudáfrica), se observa que en el bosque las poblaciones individuales al igual que la comunidad global de árboles (todos los individuos sin tener en cuenta la especie) parecen estar distribuidos aleatoriamente, mientras que la sabana presenta un patrón espacial distintivo (Figura 9.6).

En la sabana la comunidad entera parece formar agregados o agrupaciones, pero si se examina la dispersión de las dos poblaciones que la constituyen, la *Acacia tortilis* (en negro en la figura 9.6.b) muestra un espaciamiento regular mientras que la *Euclea divinorum* (en azul en la figura 9.6.b) si que presenta una distribución en agregados, alrededor de los árboles de *Acacia*. El patrón de dispersión de la *Acacia* es originado por la competencia por los recursos subterráneos, fundamentalmente agua, mientras que la dispersión de *Euclea* es el resultado de sus medios de dispersión, sus semillas son comidas y dispersadas por aves que se posan en la *Acacia* y que dejan caer las semillas junto con sus heces.

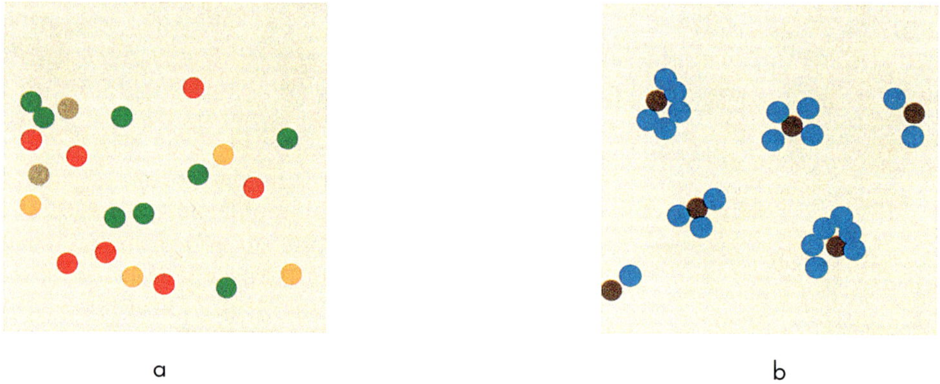

FIGURA 9.6. Estructura horizontal de árboles en dos comunidades: a) un bosque de Virginia (Norteamérica) y b) una sabana en Natal (Sudáfrica).

9.6. VARIACIÓN ESPACIAL DE LA ESTRUCTURA DE LA COMUNIDAD

La estructura de la comunidad cambia temporal y espacialmente, no es una característica estática.

La variación espacial, a lo largo y ancho del paisaje, en la estructura de las comunidades se conoce como ***zonación***. Los patrones de variación espacial en la estructura física y biológica de la comunidad son comunes a todos los ambientes, acuáticos y terrestres.

Los cambios son a menudo pequeños y consisten en variaciones en la composición de especies o altura de la vegetación, pero se acentúan a medida que nos desplazamos más lejos sobre el terreno. Si caminamos a través de un bosque la estructura física (la zona de copas, el sotobosque, la capa arbustiva y el suelo forestal) parece no variar, pero la estructura biológica (mezcla de especies que componen la comunidad) puede cambiar de manera espectacular. Así en el paisaje de colinas onduladas de la región central de Virginia, si nos desplazamos siguiendo la pendiente desde la cima de la colina hasta las tierras bajas, la composición de árboles cambia de los robles (*Quercus* spp.) y nogales americanos (*Carya* spp.) a otras especies asociadas a ambientes más húmedos tales como el sicomoro (*Platanus occidentalis*), el carpe (*Carpinus caroliniana*) y el árbol del ámbar (*Liquidambar styraciflua*).

Algo similar ocurre cuando nos movemos desde las riberas de una marisma hasta las tierras altas: las formaciones vegetales dominantes en la marisma, hierbas y juncos, dejan paso a árboles y arbustos al ir a terrenos más secos y aumentar la separación con respecto a la capa freática. Estas diferencias son el resultado de un gran número de cambios ambientales a lo largo del gradiente espacial, que son señalados a través de distintas comunidades vegetales que se definen por modificaciones en las especies dominantes y en las características estructurales como, la altura, la densidad y la dispersión.

En la vegetación de una duna estabilizada en el Parque Natural de Doñana (Comunidad Autónoma de Andalucía, en las provincias de Huelva y Sevilla) encontramos otro ejemplo tipo. En la cima de la duna que corresponde a un habitat más seco existe un sabinar de *Juniperus phoenicia*. La zona sin árboles de la parte alta es el denominado monte blanco xerofítico, por debajo del monte blanco cuya biomasa (ver Tema 13) es muy baja (0,10-0,30 kg m^{-2}). Sigue hacia abajo el monte negro o brezal que pasa gradualmente a monte negro higrofítico con biomasas de hasta 4 kg m^{-2} y ya en la parte más baja del relieve un alcornoque (*Quercus suber*) representa un vestigio de la vegetación más madura, con acebuches (*Olea europeae*) y madroños (*Arbutus unedo L.*). En la zona más húmeda junto a la charca hay pastos y vegetación distrófica.

El problema se plantea a la hora de establecer los límites entre comunidades. En el ejemplo del bosque de Virginia anteriormente mencionado, a la vista de la diferente composición de especies desde la cima de la colina hasta las tierras bajas, los ecólogos definirían estas dos áreas como comunidades vegetales distintas, pero mientras pasamos de un lugar a otro la separación puede no parecer tan clara. Sólo

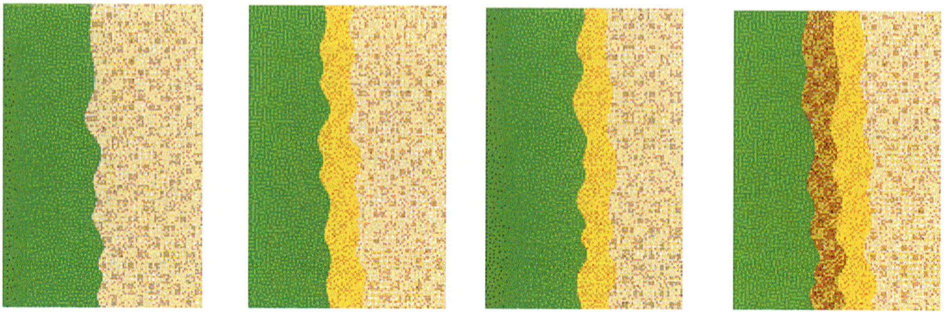

FIGURA 9.7. Borde y tipos de ecotono entre dos comunidades adyacentes.

si la transición entre las dos comunidades es abrupta será fácil determinar dichos límites.

Asociado con la zona de transición entre comunidades se encuentran el borde y el ecotono, que no deben confundirse. Un ***borde*** es donde se encuentran dos o más comunidades vegetales y un ***ecotono*** es donde dos comunidades vegetales no sólo se encuentran sino que además se solapan (Figura 9.7).

Los bordes producidos por un cambio abrupto en las condiciones ambientales, como por ejemplo el tipo de suelo, topografía, sustrato o microclima se denominan ***inherentes***, separando tipos de vegetación colindantes que son habitualmente estables y permanentes.

Las perturbaciones naturales tales como fuego, tempestades e inundaciones o las producidas por la especie humana como el pastoreo, la tala o el aclaramiento de tierras y la agricultura originan tipos de vegetación colindantes temporales, son los llamados bordes ***inducidos***.

Los ecotonos surgen en la transición entre dos comunidades que muestran un cambio en dominancia. Estas áreas pueden estar compuestas de una mezcla de especies que se hallan también en las comunidades adyacentes o pueden estar caracterizadas por una única especie o grupo de especies que no se encuentran en ninguna de las comunidades vecinas.

Existen especies altamente adaptables que colonizan los ambientes de borde o ecotonos. La especies de borde suelen ser oportunistas y en el caso de vegetales son a menudo intolerantes a la sombra y tolerantes a los ambientes secos, lo cual abarca una elevada tasa de evapotranspiración, una reducida humedad del suelo y temperaturas que fluctúan. Las especies animales de borde son habitualmente aquellas que requieren dos o más tipos de comunidades vegetales, como la especie de gallinácea *Bonasa umbellus* que requiere de claros en el bosque con abundante vegetación herbácea y arbustos pequeños para alimentar a sus pollos, una densa plantación de árboles jóvenes que proporcione cobijo para anidar y bosques maduros donde obtener comida y cobijo en invierno.

Frecuentemente es en los bordes y ecotonos donde la variedad y densidad de vida son mayores, es lo que se conoce como ***efecto de borde***. Dicho efecto está influenciado por el área de borde disponible y el grado de contraste entre las comunidades vegetales colindantes (a mayor contraste mayor riqueza de especies). Un ejemplo de especie típica de borde lo constituye el colorín azul (*Passerina cyanea*), que curiosamente conoce la estrella Polar y la utiliza para orientarse (Figura 9.8).

Las actividades humanas están fragmentando grandes áreas de bosques y prados, reduciéndolos a comunidades de borde, con lo que el hábitat total se reduce (Tema 8). Los hábitats acuáticos y terrestres fragmentados que se generan fueron en una época considerados como islas, en las que existe una relación entre superficie y riqueza de especies, y estudiados mediante la aplicación de la teoría de R. MacArthur y E. O. Wilson sobre biogeografía de islas. Las islas pequeñas albergaban menos especies que las islas más grandes y las islas oceánicas remotas

FIGURA 9.8. El colorín azul (*Passerina cyanea*), un pájaro astrónomo.

(grandes y pequeñas) eran las que contenían el menor número de especies. El número de especies de un determinado taxón establecido en una isla representa un equilibrio dinámico entre la inmigración de nuevas especies colonizadoras y la extinción de aquellas previamente establecidas. La tasa a la cual una especie se pierde y otra se gana se conoce como ***la tasa de renovación***.

En la actualidad las poblaciones en hábitats fragmentados se explican mediante la teoría de metapoblaciones. Una ***metapoblación*** consiste en una serie de subpoblaciones que intercambian individuos entre ellas a través de los fenómenos de emigración e inmigración. Cada subpoblación tiene sus propias fluctuaciones poblacionales, sus propias tasas de natalidad y mortalidad y su propia probabilidad de colonización y extinción. El mantenimiento de las poblaciones depende de los movimientos que se dan entre fragmentos de hábitats, no sólo entre fragmentos y un gran continente como en la teoría de islas. Estos fragmentos de hábitat se sitúan dentro de paisajes variados y el territorio circundante ejerce una gran influencia sobre la calidad del fragmento o parcela, sobre las posibles vías de comunicación que permiten el movimiento de las especies a otras parcelas y sobre la suerte de las poblaciones. Si este territorio impide el movimiento, los distintos fragmentos pueden cambiar en su composición de especies. Las especies interiores requieren las condiciones que se dan en el interior de las grandes parcelas de hábitats, lejos de los cambios repentinos asociados a los ambientes de borde, y disminuyen o desaparecen con la fragmentación. Existe un punto de tamaño de hábitat por debajo del cual las especies de interior no pueden vivir. Mientras tanto otras especies atraídas por las condiciones de borde se asientan en estas parcelas, con lo que la composición de especies del fragmento de hábitat cambia en general hacia especies de borde.

Concluir señalando que, aunque como hemos visto en este mismo tema existen diversos parámetros e índices para describir las similitudes y diferencias entre dos áreas, la clasificación real de éstas en distintos grupos de comunidades implica una cierta subjetividad y depende de los objetivos de un estudio particular.

9.7. VARIACIÓN TEMPORAL DE LA ESTRUCTURA DE LA COMUNIDAD

La estructura de las comunidades varía no sólo en el espacio sino también en el tiempo. En el apartado anterior se ha señalado la variación de los patrones físicos y biológicos de la comunidad o zonación al desplazarnos desde la cima de una colina hasta las tierras bajas.

Si ocupamos una posición, por ejemplo en un campo al lado de un bosque y volvemos a ese campo cada verano para situarnos en el mismo sitio y mirar alrededor observaremos que aquel terreno que en un tiempo estuvo cubierto sólo de gramíneas y otros tipos de vegetación herbácea ha cambiado, han empezado a aparecer plantas leñosas, arbustos y pequeños árboles. La densidad de la vegetación leñosa aumenta hasta que el campo se convierte en un bosque.

A su vez, el bosque que en principio está dominado por especies de rápido crecimiento e intolerantes a la sombra, se va llenando de especies arbóreas de hoja caduca que se establecen en el sotobosque y que con el tiempo prosiguen su camino hacia la zona de copas a medida que las de rápido crecimiento mueren. Con el tiempo, incluso estas especies son reemplazadas por otras de crecimiento más lento, especies de árboles tolerantes a la sombra.

Este cambio gradual y aparentemente direccional en la estructura de la comunidad a través del tiempo, desde un campo hasta un bosque, es un ejemplo de lo que se conoce como ***sucesión***.

La sucesión, que se observa en toda clase de ambientes, tanto terrestres como acuáticos, se estudiará en el tema 16 en el marco de la evolución del ecosistema en el tiempo.

EJERCICIOS DE AUTOCOMPROBACIÓN

1. Razonar por qué una comunidad que contiene pocos individuos de muchas especies posee mayor diversidad que otra con el mismo número de individuos pero pertenecientes a pocas especies.
2. Diferencias entre diversidad alfa, beta y gamma.
3. ¿Cuál es el papel de la especie dominante de una comunidad?
4. ¿Qué factores caracterizan la estructura física de una comunidad acuática y una terrestre?
5. Comentar los factores que influyen en la variación espacial y temporal de la estructura de una comunidad.
6. ¿Cuál es la importancia ecológica de los ecotonos? ¿Y del efecto borde?

10

BIODIVERSIDAD. DISTRIBUCIÓN Y CONSERVACIÓN. BIODIVERSIDAD EN ESPAÑA

SUMARIO

OBJETIVOS

1. Diferenciar diversidad y biodiversidad.
2. Conocer los diferentes tipos de diversidad.
3. Analizar el origen de la biodiversidad y su variación en el tiempo.
4. Conocer la distribución de la riqueza biológica.
5. Examinar la pérdida de la biodiversidad.
6. Entender la necesidad de conservación de la biodiversidad.
7. Estudiar la influencia de la biotecnología en la biodiversidad.
8. Conocer la biodiversidad en España.

10.1. CONCEPTOS DE DIVERSIDAD Y BIODIVERSIDAD

La ***diversidad biológica*** expresa la riqueza en especies de un lugar y la abundancia relativa de cada una de ellas, y su medición permite indicar formas de organización en las relaciones biológicas del ecosistema.

Hace tiempo que los especialistas en ecología estudian la diversidad biológica como objeto de conocimiento orientado a entender las relaciones numéricas que mantienen las especies en las comunidades biológicas. Ya hemos mencionado en el tema anterior una serie de índices y modelos para relacionar la abundancia de las especies en un lugar con el orden de importancia o el grado de representación de las mismas, y su fin último es encontrar una ley que permita expresar la diversidad biológica.

La concepción de la diversidad es más amplia y pretende abarcar también desde la variabilidad genética intraespecífica hasta la existente entre ecosistemas. El término ***biodiversidad*** acuñado por W. G. Rosen, E. O. Wilson y F. M. Meter (1985-1988) abarca sólo algunos aspectos de la diversidad biológica y se suele relacionar mucho con la extinción de especies, el carácter emblemático de algunas de ellas y su valor farmacológico, agrícola o ganadero, científico y ecológico, alimentario, recreativo y turístico y su consideración de legado para las generaciones futuras.

Aunque los términos riqueza biológica, biodiversidad y diversidad biológica son frecuentemente tratados como equivalentes, existen diferencias entre ellos, según los casos y el objeto tratado. De acuerdo con R. Margalef, la ***biodiversidad*** se ocuparía más directamente de la riqueza de especies de un lugar concreto, una región o el planeta entero, así como de la evolución biológica, mientras que la

diversidad biológica trata la organización biológica resultante de las interacciones probables de las especies en un lugar y en un momento dados y su extrapolación a espacios más o menos extensos.

La diversidad se refiere a la descripción y a la explicación causal de la composición en especies de cualquier muestra pluriespecífica extraída de la naturaleza. La diversidad de esta muestra es el resultado de un conjunto de procesos de selección, adaptación mutua y una cierta persistencia dentro de un marco arbitrariamente delimitado pero representativo de un ecosistema, o dicho de otro modo constituye la expresión taxonómica final de la dinámica de inmigración, multiplicación diferencial y extinción dentro de un ecosistema. Estos procesos varían en el tiempo y así lo hace también la diversidad.

La excesiva preocupación por el empobrecimiento de la vida, o pérdida de biodiversidad expresada en números de especies, hace olvidar la diversidad biológica sin la que no se entiende la dinámica propia de la biodiversidad.

Según Margalef, diversidad y biodiversidad son conceptos complementarios. La biodiversidad lo incluye todo, también los huevos, cistes, estados quiescentes, pero no se ocupa de la importancia numérica de las respectivas poblaciones que conviven en un sitio, lo que cuenta son las especies.

Convendría ir un poco más allá y considerar la riqueza genética total disponible. El banco de semillas y de esporas de un suelo tiene una biodiversidad alta, con más especies de las que constituyen la diversidad de su vegetación ecológicamente activa en un momento determinado. Así examinando los suelos de inundación de un río y los sedimentos álveos se encuentra una variedad de organismos mucho mayor que la presente y activa en el cauce, solamente sobre esta variedad sería razonable calcular una diversidad ecológica.

Al estudiar el fitoplancton marino, su parte más activa se halla en manchas discontinuas, engendradas y asociadas con remolinos ciclónicos o dependientes de otras perturbaciones enriquecedoras del agua superficial, o bien en frentes marinos. Estas poblaciones suelen tener una diversidad muy baja, es decir abundan mucho unas pocas especies dominantes, pero su dinámica poblacional es rápida.

En las aguas de 40 a 70 metros de profundidad, en la zona donde la ya insuficiente iluminación se superpone con el límite superior del mayor reservorio de los elementos nutritivos limitantes (fósforo y nitrógeno, principalmente), hay un plancton muy diverso, representado por especies autótrofas, que pueden dar rápidamente poblaciones abundantes si las condiciones del entorno lo permiten. Este plancton está allí como el banco de semillas en un bosque, esperando que se abra un claro, o como los organismos en las paredes del cauce de un arroyo, aguardando el deshielo. Además en la zona de penumbra mencionada se hallan asociadas poblaciones heterótrofas de alta diversidad y biología mucho menos conocida.

Margalef propuso un modelo dinámico fundamental en el que la persistencia de la biodiversidad en la naturaleza podría ser considerada como un canal continuamente extendido en el tiempo (ver Figura 10.1).

Con el material genético contenido en este canal, comparable a un archivo o biblioteca general, se inician repetidos experimentos de evolución en los que al principio la diversidad disminuye como consecuencia de la rápida proliferación de unas pocas especies que encuentran condiciones altamente favorables. Puede ocurrir que se introduzcan nuevas combinaciones genéticas e incluso producir y asimilar nuevos mutantes.

Por ello, todo ecosistema o parte activa del mismo, es sede de un experimento de evolución cuyo resultado se reintegra al canal conti-

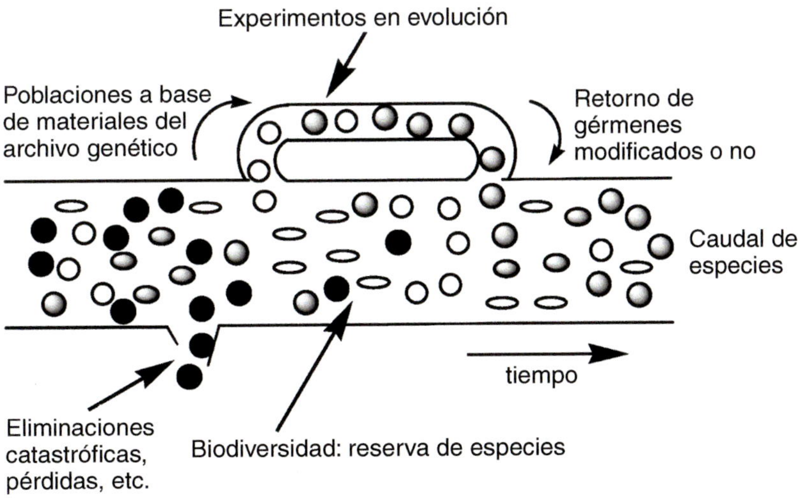

FIGURA 10.1. Representación de la dinámica de la diversidad biológica.

nuo de la biodiversidad, es decir al archivo general de la naturaleza en aquel paraje, que está comunicado horizontalmente con los otros equivalentes a su nivel.

Gracias a los experimentos de evolución el acervo de la biodiversidad puede experimentar cierta renovación por entrada de genotipos o de genes nuevos. También puede ocurrir que ciertos elementos tengan cada vez más dificultad en manifestarse, caigan en desuso y se extingan, en general debido a cambios ambientales.

Otra causa de empobrecimiento del archivo de la biodiversidad puede ser la aparición de organismos dominantes (*c.f.* la especie humana) que impongan organizaciones ecosistémicas. Catástrofes, erosiones y otros cambios en el entorno físico pueden también destruir segmentos sustanciales de la reserva de biodiversidad.

Una imagen que utiliza Margalef para ilustrar la complementariedad y necesidad de los dos conceptos de diversidad y biodiversidad, es el paralelismo del primero con el lenguaje y del segundo con el diccionario de la lengua. El habla normal representa los experimentos de evolución, con alta diversidad (lenguaje pedante y frío) o baja diversidad (lenguaje cálido, rico en expletivos). Los experimentos del habla cotidiana realimentan el diccionario que mantiene un elevado grado de conservadurismo al igual que ocurre con el acervo de la biodiversidad.

En resumen, la ***biodiversidad*** es el diccionario, considerado como el conjunto de especies, que la vida utiliza para constituirse en unidades funcionales (genes, células, individuos, especies, comunidades y ecosistemas) y la ***diversidad biológica*** es el lenguaje basado en ese diccionario que varía según las circunstancias ambientales.

Las especies son soluciones perpetuables a las que la vida recurre a través de un depurado sistema de comunicación o transmisión genética de una generación a otra para mantenerse en el planeta el mayor tiempo posible.

La ***diversidad genética*** surge al considerar la variabilidad producida en los errores de esa transmisión y el hecho resultante: las razas, variedades y formas representan la variedad dentro de cada especie. Se habla también de ***diversidad ecológica*** examinando las diferencias de estructura, funcionamiento y distribución espacial que mantienen los ecosistemas, e incluso de ***diversidad de células, individuos y comunidades biológicas***.

La unidad propia de la biosfera es la especie y las especies interactúan compitiendo, cooperando, al intercambiar materia, energía e información, no reproduciéndose o al menos no generando híbridos fértiles. Esta barrera obliga por un lado a que la evolución tenga lugar buscando soluciones de permanencia en el seno de cada especie, de forma que cada una termina siendo una pieza de la gran máquina que es la biosfera. De otra parte la organización de esta máquina se basa en la existencia de discontinuidades, con fronteras netas especie-especie en las que las interacciones conducen a organizar la vida a niveles superiores a la especie individual, las comunidades biológicas.

10.2. DISTRIBUCIÓN Y ORIGEN DE LA BIODIVERSIDAD

Desde 1930, los especialistas en ecología estudian la diversidad biológica asociándola al concepto de incertidumbre, interesándose por las relaciones entre el número de especies y sus abundancias relativas y ligándolas a los cambios del ambiente. Sin embargo el centro de atención es el problema de la alta tasa con que parecen extinguirse las especies en casi todo el mundo.

Las especies más o menos emblemáticas van desapareciendo una tras otra, y de modo acelerado en las últimas décadas. La preocupación popular y científica responde al deseo de detener de la forma que sea ese deterioro.

La diversidad biológica constituye una característica muy robusta que depende de la historia y de las propiedades termodinámicas de los sistemas ecológicos, cualesquiera que sean los niveles a que se consideren sus constituyentes vivos.

Th. Lovejoy dio la alerta en 1980 con su informe sobre la extinción de especies para el Gobierno de Estados Unidos, allí adelantó la pérdida de la biodiversidad, que en ese momento el denominó diversidad biológica.

E. O. Wilson y F. M. Meter recopilaron en 1988 las actas del célebre congreso de Washington de 1985 en las que W. G. Rosen había utilizado por primera vez el término biodiversidad, estaban probablemente más preocupados por las amenazas a las listas de especies de los diferentes lugares del mundo que por cuantificar numéricamente las relaciones entre las especies de esas listas.

La tasa de extinción de especies se ha acelerado en las últimas décadas, las denuncias que condujeron a la firma del Convenio de Diversidad Biológica en la Cumbre de la Tierra de Río de Janeiro en 1992 están cada vez más fundamentadas, siendo precisamente a partir de esta fecha cuando la biodiversidad se populariza. En Río se realizó la siguiente definición: «*Por diversidad biológica se entiende la variabilidad de organismos vivos de cualquier fuente incluidos, entre otras cosas, los ecosistemas terrestres y otros sistemas acuáticos, y los complejos ecológicos de los que forman parte. Comprende la diversidad dentro de cada especie, entre las especies y de los ecosistemas*».

Hay que insistir en que el concepto de biodiversidad no puede ser ajeno al sistema ecológico del que las especies forman parte. Conservar la integridad de los ecosistemas y entender el marco dentro del cual debe moverse la gestión humana añade una dimensión decisiva a la biodiversidad.

Cuando nos preguntamos acerca de cuantas especies diferentes existen en la Tierra, la respuesta está llena de incertidumbre. No existe una cifra precisa y esta varía constantemente, cada día desaparece al menos una especie y se descubren otras nuevas, la contabilidad de las especies es dinámica.

La definición misma de especie es compleja y variable. En 1963 E. Mayr establece el ***concepto biológico de especie*** (CBE) como el conjunto de poblaciones naturales fecundas entre sí, aislado en el plano reproductor de otros conjuntos equivalentes, y que ocupa un nicho ecológico determinado. Es en 1983 cuando J. Cracraft propone el ***concepto filogenético de especie*** (CFE) que la describe como la familia más pequeña de poblaciones que es posible diagnosticar por una combinación única de caracteres morfológicos o genéticos. Esta familia corresponde a una saga de ancestros y descendientes que mantienen su identidad propia respecto a otras familias y presenta sus propias tendencias evolutivas.

Es decir mientras la CBE centra su definición en el aislamiento reproductivo, la CFE la define como un grupo monofilético (o grupo de individuos que comparten un ancestro común, más cercano que cualquier otro individuo) a partir de caracteres de diagnóstico fijos sin hacer referencia a la compatibilidad reproductora entre individuos. Es posible que la realidad sea un compromiso entre ambas nociones.

Sin embargo, en función del concepto utilizado se obtienen números de especies diferentes. La CFE conduce a un número mayor, porque lo que se denominan subespecies pasan a ser especies de acuerdo con esa definición. Así una especie con tres subespecies según el concepto biológico pasaría a contar como tres especies diferentes según el filogenético y ello incide particularmente en el tema de la conservación que se interesa en las especies y no en las subespecies.

Actualmente es todavía la CBE quien domina ampliamente la ciencia de la clasificación de los seres vivos llamada ***taxonomía o sistemática***, aunque quizás la CFE da una imagen más cercana a la dinámica evolutiva de las especies adaptándose mejor a la noción de la biodiversidad.

El descubrimiento de nuevas especies ha originado cambios drásticos en los conocimientos de clasificación animal. Así se admite hoy en día que las aves son descendientes directos de un tipo de dinosaurios terópodos, los maniraptores, y las relaciones filogenéticas entre los reptiles han conducido a pensar que los cocodrilos están más cer-

FIGURA 10.2. Esbozo de un dinosaurio ancestro de las aves actuales.

ca de las aves, es decir de sus ancestros los dinosaurios, que los demás reptiles actuales (lagartos, serpientes, etc.)

Según las estimaciones actuales se evalúa el número de especies vivas catalogadas en un mínimo de 1,8 millones, ya que algunas todavía no han sido descubiertas. Así ocurre con plantas, insectos y de manera general con invertebrados que habitan en lo más profundo de los bosques tropicales. También es mal conocida la fauna de los fondos marinos. Se calcula que el número real de especies vivas oscila entre 10 y 14 millones. Es decir que de una parte la mayoría de especies actuales está aún por descubrir y de otra que, al ritmo al que se extinguen, algunas no serán jamás descubiertas.

En la Tabla 10.1 se indica como se reparten los cerca de 1,8 millones de especies actualmente conocidas.

Tabla 10.1. Distribución de las especies vivas conocidas

virus	bacterias	protozoos y algas unicelulares	hongos	plantas	animales
4.000	4.000	80.000	72.000	300.000	1.300.000

En animales, los invertebrados constituyen la mayoría de las especies, de las cuales 950.000 son insectos. Para ilustrar esta increíble diversidad mencionar que en un solo árbol de un bosque tropical de Perú, un entomólogo ha clasificado 600 especies de coleópteros, o que en 1991 en un bosque de la Guayana se descubrían 130 especies nuevas de cucarachas. En el año 2002 un estudiante del Instituto Max-Planck de Plön en Alemania ha descrito un nuevo orden de insectos, los *Mantophasmatodeoa* a medio camino entre la *Mantis religiosa* y los *Phasmatodea* que viven en el África austral.

A su vez dentro de las plantas encontramos 16.000 especies de musgos, 13.000 especies de helechos y 270.000 especies de plantas de semillas. Ciertos especialistas en botánica estiman que la cifra real de plantas de semillas es un 56% más alta de los valores reseñados, en base a cálculos a partir de la diversidad florística y la tasa de endemia.

Todos los seres vivos no son tratados de igual manera. Si el inventario de mamíferos (5.000 especies) y aves (10.000 especies) es bien conocido, los invertebrados y las plantas siguen siendo los parientes pobres en la clasificación de los seres vivos. Sin embargo, con sus seis mil millones de individuos, la especie humana constituye una especie rara en relación con los insectos, por cada ser humano hay 200 millones de insectos.

La cuestión es como pretendemos gestionar la diversidad si no conocemos más que entre el 5 y el 10% del total de los seres vivos.

Hace 4.500 millones de años que la Tierra existe y la vida apareció hace unos 3.800 millones de años o sea que durante 700 millones de años no existió. Incluso desde las primeras moléculas a los seres procariotas, es decir unicelulares como las bacterias, transcurrieron 2.000 millones de años, que se corresponden con la fase más larga de la evolución de la vida sobre la Tierra de la que no se conoce prácticamente nada. Sin embargo estos seres monocelulares y después pluricelulares fueron poblando poco a poco nuestro planeta para conducir muy lentamente a una explosión de vidas. En materia de extinciones y apariciones las investigaciones se han centrado esencialmente en plantas y animales, es decir en los últimos 600 millones de años.

Cerca del 99% de especies que existieron un día sobre la tierra han desaparecido, o lo que viene a ser lo mismo el número total de especies que viven actualmente representa únicamente un 2% de todas las que han existido. Toda especie que aparece sobre la tierra desaparecerá un día, y en toda lógica la especie humana no debería escapar a esa regla (ver Tema 4).

La duración de vida de una especie varía entre uno y más de doce millones de años. La vida media de los invertebrados marinos es de 10 millones de años y en el extremo superior de la cadena, la de los mamíferos, especie a la que pertenecemos, es de un millón de años de existencia. Las extinciones naturales son un fenómeno complejo, una especie puede desaparecer completamente por razones diversas pero su destino natural es originar una o varias especies nuevas como consecuencia de un largo proceso evolutivo. A pesar de todo, la diversidad específica no ha cesado de crecer en el transcurso de millones de años alcanzando su apogeo con la aparición de la especie humana, el *Homo sapiens*.

En la historia de la Tierra han existido grandes extinciones y todos conocemos la de los dinosaurios ocurrida hace unos 65 millones de años, pero no ha sido la única ni la más importante. Ha habido hasta ahora al menos cinco grandes extinciones que han supuesto la desaparición del 65% al 85% de especies, alcanzando el 95% en la del Pérmico. Estas extinciones de las que se encuentran trazas en las capas geológicas han contribuido con toda seguridad a la diversificación específica de las formas vivientes.

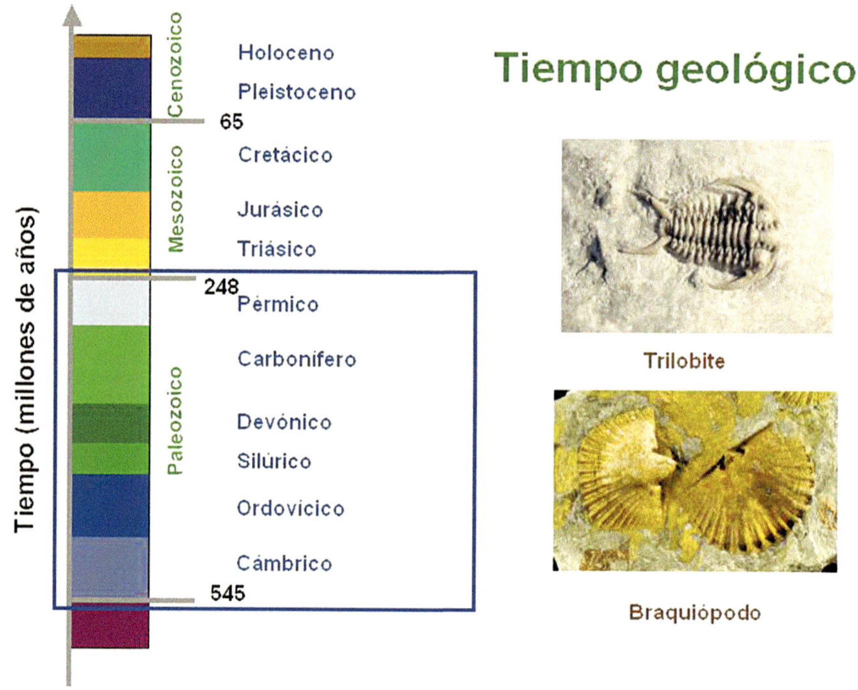

FIGURA 10.3. Las edades de la Tierra.

- Primera extinción hace 440 millones de años, es decir al final del Ordovícico, que afectó a muchas especies marinas y a la mitad de los animales terrestres. Se cree que el 85% de especies habría desaparecido y su origen podría haber sido la explosión de una supernova a 10.000 años luz de la Tierra que habría emitido altas dosis de radiaciones ultravioleta destruyendo la capa de ozono del planeta.
- Después la segunda al final del Devónico, hace 370 o 365 millones de años se extingue un 30% de especies animales, las especies marinas como los braquiópodos son destruidas.
- Al final del Pérmico en la tercera, alrededor de 250 millones de años atrás ocurre la gran crisis de extinciones borrándose de la faz de la Tierra un 90-95% de la diversidad específica: especies marinas, anfibios, todos los trilobites y numerosos árboles. Las

causas siguen siendo hipotéticas, pero coincide con un fenómeno geológico de enorme magnitud, la reunificación de las tierras emergidas en un gran conjunto denominado la Pangea o masa continental inicial a partir de la cual se originaron los diversos continentes. Los flujos oceánicos y atmosféricos fueron perturbados en extremo originando profundas modificaciones climáticas que tuvieron un efecto catastrófico sobre las especies. Existen otras teorías acerca de una gran emanación de metano a la atmósfera que al reaccionar con el oxígeno atmosférico originó una disminución de éste y un aumento de la concentración de CO_2 provocando la mortalidad de un gran número de especies animales. En revancha un grupo de especies bien conocidas, los dinosaurios, aumentó y se extendió ampliamente.

- En el Jurásico hace 215 millones de años, se produce la cuarta extinción que duraría 15 millones de años afectando a los reptiles, los anfibios y también a los moluscos, un 75% de las especies marinas desaparecen.
- Y después llega la gran extinción del Cretácico, la quinta, hace 65 millones de años que marca el inicio de la Era Terciaria. Esta extinción también denominada K-T (K de *Kreide* que en alemán significa cretáceo y T de terciaria) afecta a los dinosaurios y a un gran número de especies marinas y parece que las causas serían la caída de uno o más meteoritos, las capas geológicas de esa época contienen gran cantidad de iridio que es un elemento asociado a los meteoritos y raro en el planeta Tierra. Se produjo una gran cantidad de polvo en la atmósfera que modificó el clima, obscureciendo el Sol. Como resultado la fotosíntesis de las plantas se ve perturbada y ocurre la rápida desaparición de un gran número de especies. Esta extinción va a favorecer a animales de talla pequeña, a menudo nocturnos y que vivían escondidos de los dinosaurios de los cuales eran presas potenciales, los mamíferos. Estos últimos aparecieron hace 220 millones de años y fueron durante largo tiempo contemporáneos de los dinosaurios, esperando su desaparición para iniciar la conquista del mundo.
- Sigue a continuación un periodo de calma en el que, entre 65 y 45 millones de años atrás, los mamíferos se diferencian mientras aparecen los ancestros de grupos como los carnívoros, los équidos, los cetáceos, los proboscidios y además de otros muchos, los primates. Es al principio del Pleistoceno que recomienza el ciclo de extinciones masivas y se empieza a hablar de la sexta

extinción. Es una época geológica caracterizada por la última glaciación, la última edad glaciar data de hace 10.000 años. Pero la otra particularidad del Pleistoceno es la aparición de un curioso mamífero, el pretendidamente más evolucionado de todos y que se denominaría *Homo sapiens*. Esta especie o al menos uno de sus ancestros, el «hombre» apareció en la era cuaternaria hará un millón de años, bien que el ser humano moderno haya visto la luz hace únicamente unos 100.000-160.000 años.

Algunas de estas extinciones no son antrópicas, así el avance de los hielos en el hemisferio Norte bajo el efecto de un importante enfriamiento climático provocó hace dos millones de años extinciones de moluscos, corales y sobre todo del plancton.

Sin embargo la especie humana va a intervenir directa o indirectamente cada vez más en los procesos de extinción. Así en la desaparición de la fauna que existía en las praderas de América del Norte hasta el año 11.000 antes de Cristo, fecha en la que ocurría la colonización humana *via* el estrecho de Bering, donde abundaban el perezoso gigante, el mamut, el mastodonte y el tigre de dientes de sable o smilodon. Es cierto que se trataba de una época de recalentamiento climático, el fin del periodo glaciar, que conllevó una modificación de la composición y la estructura de la vegetación que a su vez tuvo consecuencias sobre los herbívoros que se alimentan de ella, y sobre los predadores después.

Un 73% de los grandes herbívoros de América del Norte desapareció solamente 1.200 años después de la llegada de los primeros seres humanos, aunque como se ha mencionado ya el cambio climático que transformaría la pradera en tundra menos favorable a la alimentación de estos animales, sería también responsable.

Un escenario similar se produce en Australia, a la fin del Pleistoceno una extinción masiva iniciada hace 60.000 años borró de la superficie terrestre grandes animales como mamíferos, reptiles y aves. Se estima que un 86% desapareció hace 30.000 años, época que se corresponde con cambios climáticos que conllevaron episodios de extrema sequía, pero de nuevo también la colonización del continente australiano hace 46.000-12.000 años por la especie humana parece ser un factor determinante.

Probablemente la caza no sería la única responsable de las desapariciones de avestruces de más de 100 Kg o de un canguro que pesaba 270 Kg o de un lagarto que medía 6 m de largo, pero la especie humana causó gigantescos incendios forestales, perturbando los ecosistemas y destruyendo las reservas de nutrientes de estos animales lo que contribuyó sin duda a su extinción. Todo ello unido a otros factores climáticos y quizás también a epidemias originadas por agentes patógenos transmitidos por el ser humano o sus animales domésticos.

Un ejemplo más reciente es el ocurrido en la isla de Madagascar que fue colonizada hace 2.000 años. En esa época existía una fauna particular de entre la que destacaban los lemures de los que en ese momento se contaban diecisiete géneros diferentes, siete han desaparecido en un periodo de mil años y sólo han sobrevivido las especies más pequeñas y de costumbres nocturnas. Otros animales extinguidos fueron una gineta, un hipopótamo enano, las tortugas gigantes y el pájaro elefante o *Aepyornis maximus* que medía tres metros de alto y pesaba 500 Kg (Figura 10.4).

Para fijar de modo más preciso el principio del fin se puede considerar que es a partir del siglo XVII cuando la biodiversidad empieza realmente a ser victima de la acción humana. Con la conquista del mundo y el establecimiento de colonias se estima que desde hace 1.600 años el número de especies animales extinguidas es de 485 (113 aves y 83 mamíferos) y el de plantas 600.

La mayor parte del millar de especies desaparecidas ocurrió en los siglos XIX y XX, se trata de la primera extinción antropogénica. El rit-

FIGURA 10.4. El pájaro elefante *Aepyornis maximus.*

mo de extinciones parece haberse acelerado en los últimos tiempos, los ecólogos han evaluado que del 1% al 10% de la biodiversidad desaparece cada diez años.

¿Quién recuerda las desapariciones de la tortuga elefante de las islas Galápagos en 1890, del pato de Oustallet de las islas Mariannes en 1900, del ara tricolor de Cuba en 1885, del raton de McLear de las islas Christmas en 1900 o las cebras quagga de África del Sur en 1878?

Casi nos cuesta creer que hubo leones en África del Norte hasta 1922 o tigres en Bali hasta 1937. Otras desapariciones han sido más popularizadas como la del pájaro Dodo (*Ruphus cucullatus*) de la isla Mauricio hace 300 años, que fue inmortalizado por Lewis Carroll en *Alicia en el país de las maravillas*.

Una de las extinciones más sorprendentes es la de la paloma migratoria que vivía en América del Norte y era la más abundante del continente. Una estimación de un vuelo de estos pájaros realizada en 1810 por E. O. Wilson indica que se trataba de más de 2.000 millones de individuos. Los indios americanos cazaban dicha especie, pero fueron los colonos europeos quienes al considerarla una amenaza para sus cultivos la diezmaron. Hacia 1880 la especie vivía reducida en la región de los Grandes Lagos muriendo el último ejemplar en 1914 en el zoológico de Cincinatti (América del Norte).

Otro ejemplo es la desaparición del lobo de Tasmania, un marsupial de la isla de Tasmania en el sur de Australia, que consiguió muy mala reputación entre los colonos al atacar a las ovejas. Los granjeros iniciaron una batalla que acabó con la especie hacia 1930, a pesar de los esfuerzos iniciados en ese momento para su protección.

A fuerza de ser masacradas las especies alcanzan un umbral más allá del cual los estímulos necesarios para reproducirse se debilitan, no son capaces de sobrevivir y se extinguen. Las extinciones actuales engloban a la vez a las especies y a los ecosistemas, toda la biosfera está en peligro.

10.3. CONSERVACIÓN DE LA BIODIVERSIDAD

La diversidad biológica debe ser defendida desde el Convenio de Diversidad Biológica, uno de los acuerdos nacidos de la Cumbre de la Tierra de Río en el año 1992, que entró en vigor a finales de 1993 y ha sido ratificado por la mayoría de países entre ellos España.

Estos países han asumido un compromiso jurídicamente vinculante para conservar la diversidad biológica, utilizar de forma sostenible sus componentes y distribuir de forma equitativa los beneficios derivados de la utilización de los recursos genéticos. El convenio también reconoce que las comunidades indígenas y las locales desempeñan un papel crucial en la conservación de la diversidad biológica y señala la importancia de sus conocimientos tradicionales y sus prácticas sostenibles para la diversidad biológica.

Las razones para la conservación de la biodiversidad son muchas y podemos clasificarlas en tres tipos: éticas, utilitarias y científicas.

Proteger la biodiversidad es una cuestión de ética, el resto son argumentos para la propia supervivencia humana. La especie *Homo sapiens* es heterotrófa, es omnívora del espacio y de la energía no alimentaria, ha sido capaz de aprender y transmitir cada vez más rápidamente sus conocimientos, pero nada de esto le da derecho a extinguir ninguna forma de vida, constituyen un legado para las generaciones futuras.

Las razones de utilidad cobran cada vez mayor importancia: en ciertas regiones las posibilidades de la biodiversidad en el turismo de naturaleza, sobre todo la explotación de la presencia de especies emblemáticas, constituye un recurso económico en aumento. El desarrollo sostenible incluye consideraciones de este tipo. Así se ha estimado que los ingresos por turismo que genera un león salvaje en una reserva de Kenia, superan 6 o 7 veces a los ingresos que se obtendrían si se matara y vendiera su piel. En el primer caso se trata de una situación sostenible, en el segundo no.

Desde el punto de vista científico el interés por la biodiversidad tiene su fundamento en el funcionamiento de las tramas de relaciones naturales y en el papel de las especies individuales y de las comunidades biológicas en este funcionamiento. La conservación de la biodiversidad compromete al conocimiento de los procesos que regulan la diversidad biológica, los factores de que dependen dichos procesos y las características de la interacción con el entorno físico.

Aunque las causas de la pérdida de la biodiversidad parecen identificadas (contaminación, pérdida de hábitats, caza furtiva, plaguicidas y herbicidas, etc. ver Tema 8), es difícil afrontar la conservación de forma científica y sistemática. En los diferentes congresos que han seguido al de Río en 1992, se han presentado varias ideas que resumimos aquí:

FIGURA 10.5. Ejemplar de coto negro (*Alouatta palliata*) en peligro.

- La biodiversidad cambia con el tiempo y ha venido haciéndolo a lo largo de la historia de la vida.
- La diversidad en sí no describe de modo satisfactorio los aspectos funcionales de los ecosistemas, siendo necesarias aproximaciones complementarias entre el análisis de la diversidad y los aspectos funcionales relacionados con la termodinámica, ecofisiología, tiempos de renovación y variabilidad genética.
- La presión humana sobre la biosfera es evidente y debe defenderse que dicha presión sea más equilibrada, es decir que la que se ejerce en algunos puntos del planeta sea compensada con la ausencia de perturbaciones humanas en otros.
- Las amenazas de la especie humana a la biodiversidad parecen obvias pero no deben aceptarse como inevitables. La conservación compromete a mantener los procesos de los que depende el

valor de la diversidad, principalmente ligados a flujos de energía dentro de los ecosistemas, extracciones e introducciones.

En estas ideas se hallan implícitos: i) la delimitación de espacios protegidos, protegibles de maneras distintas dependiendo del contenido considerado y ii) el juego de conservar los procesos naturales que consiste en trabajar con el concepto de ecosistema dentro y fuera de esos espacios.

Lo que es inalcanzable es pretender la protección efectiva de las especies individuales, por muy emblemáticas que sean y por mucha importancia que les confiera el hecho de ser raras o vulnerables y estar por ello en peligro de extinción. *La sucesión de especies en el tiempo es la esencia de la biodiversidad.*

La diversidad de especies desempeña una función homeostática, estando asociada a la estabilidad de propiedades ecosistémicas, como la biomasa, y de procesos, como la conservación de nutrientes y el incremento de la producción primaria (ver Tema 13). El funcionamiento óptimo de un ecosistema puede ser compatible con un cierto rango de variación de la diversidad. Las consecuencias negativas de la desaparición de especies o de una reducción acusada de la diversidad local se entienden mejor con esta perspectiva, pueden suponer el deterioro irreversible de la función homeostática de la diversidad e indirectamente la desintegración funcional y la transformación del ecosistema original.

En resumen, la diversidad de especies constituye una propiedad ecológica con una función indicadora para la detección precoz de los impactos ambientales nocivos causados por las actividades humanas y de la sostenibilidad global.

Hace unos años el científico inglés N. Myers y Conservación Internacional (CI), definieron los ***hotspots*** o puntos calientes para la conservación de la biodiversidad mundial, que son aquellas regiones que cuentan con una mayor riqueza de especies animales y vegetales en el planeta, pero también con un mayor nivel de destrucción (Figura 10.6). Para ser clasificados como tales se tienen en cuenta dos factores: las especies endémicas o especies propias de un lugar claramente delimitado que albergan, y el grado de amenaza al que están sometidos, de ahí que se les conozca también como santuarios de la biodiversidad o lugares críticos.

CI ha realizado un seguimiento exhaustivo de los puntos calientes del planeta desde su creación en 1988 habiendo definido recientemente otros 9 que junto con los 25 anteriores, alcanzan la cifra de 34. Son zonas de la Tierra que contienen el 75% de los mamíferos, aves y anfibios más amenazados del mundo, habitando un espacio que cubre el 2,3% de la superficie terrestre, cuando originalmente era del 15,7%. La revisión que se ha hecho en mayo de 2005 revela que aproximadamente la mitad de las plantas vasculares y el 42% de los vertebrados terrestres sólo existen en estos lugares críticos.

Los *hotspots* o áreas criticas en biodiversidad son:

AMÉRICA:

- Andes Tropicales (Venezuela, Colombia, Ecuador, Perú, Bolivia, Chile, Argentina).
- Tumbes-Chocó-Magdalena (Panamá, Colombia, Ecuador, Perú).
- Bosque Atlántico (Brasil, Paraguay, Argentina).
- Cerrado (Brasil).
- Bosques Chilenos de Valdivia - Lluvia Invernal.
- Mesoamérica (Costa Rica, Nicaragua, Honduras, El Salvador, Guatemala, Belice, Méjico).
- Islas del Caribe.
- Provincia Florística de California.
- Bosques Madrean Pine-Oak (Méjico, U.S.).

ÁFRICA:

- Bosques Guineanos de África de Oeste.
- Región Florística del Cabo (África del Sur).
- Karoo Suculento (África del Sur, Namibia).
- Madagascar y las Islas del Océano Índico.
- Bosques Costeros de África del Este.
- Afromontane del Este.
- Maputaland-Pondoland-Albany (África del Sur, Suazilandia, Mozambique).
- Cuerno de África.

EUROPA Y ÁFRICA:

- Cuenca Mediterránea.

ASIA:

- Cáucaso.
- Ghats del Oeste y Sri Lanka (India, Sri Lanka).
- Montañas de China Suroeste.
- Sundaland (Indonesia, Malasia, y Brunei).
- Wallacea (Indonesia).
- Filipinas.
- Himalaya.
- Indo-Burma.
- Irán-Anatolia.
- Montañas de Asia Central.
- Japón.

OCEANÍA:

- Australia Suroeste.
- Nueva Caledonia.
- Nueva Zelanda.
- Polinesia-Micronesia (incluye Hawaii).
- Islas Melanesias del Este.

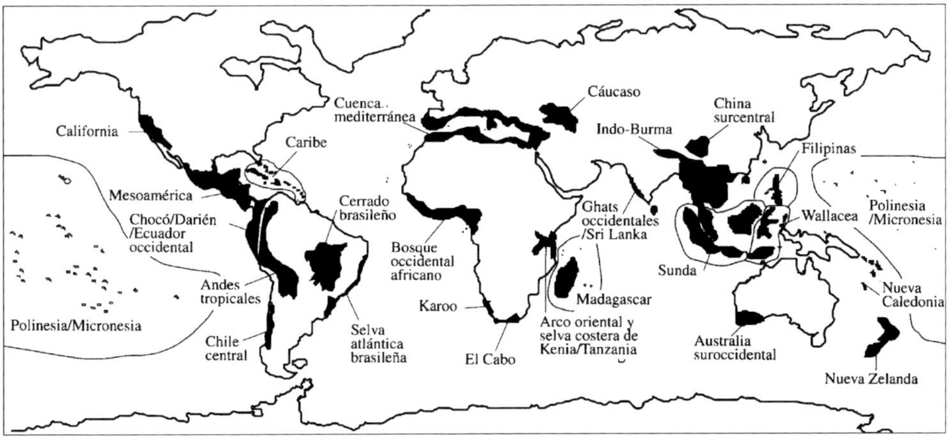

FIGURA 10.6. Los puntos calientes de la biodiversidad en el año 2000.

Los nuevos puntos calientes del planeta presentan las siguientes características:

- ***Bosques Madrean Pine-Oak***: Es un área de escarpado terreno montañoso y cañones profundos que se extiende por Méjico y Estados Unidos. Sus bosques de pino desempeñan un papel muy importante en la migración de mariposas monarca cada año. La destrucción de estos bosques por una tala excesiva es la principal causa de la pérdida de hábitat en esta región. La cotorra serrana oriental está en peligro de extinción.

FIGURA 10.7. Cotorra serrana oriental (*Rhynchopsitta terrisi*).

- ***Afromontane del Este***: Las montañas de este punto discurren a lo largo del extrémo este de África, desde Arabia Saudí hasta Zimbabwe. Es una región de grandes lagos, entre ellos el Tanganica, por lo que cuenta con una gran diversidad de peces de agua dulce, con más de 600 especies endémicas.
- ***Maputaland-Pondoland-Albany***: Se extiende por África del Sur, Swazilandia y Mozambique, es un importante centro de plantas endémicas, entre las que destaca la conocida Ave del Paraíso. Sus bosques templados albergan 600 especies de árboles, la mayor riqueza arbórea de ningún otro bosque templado del planeta. Es ahí donde se ha logrado salvar de la extinción a una subespecie de rinoceronte blanco.
- ***Cuerno de África***: Se concentra en el cuerno este de las montañas etíopes e incluye el archipiélago de Socotra frente a la costa

de Somalia y centenares de diminutas islas en el Mar Rojo. Junto con Karoo Suculento en el suroeste de África, son los dos puntos calientes totalmente áridos que se cree estaban unidos durante periodos más secos y fríos en el Pleistoceno. Algunos géneros de plantas solo se dan en estos dos lugares, como el *Kissenia* y el *Wellstedia*. Alberga también especies endémicas de antílopes y reptiles.

- ***Himalaya***: Alberga las montañas más altas del mundo, incluido el Everest. La elevación abrupta desde menos de 500 m hasta más de 8.000 m origina una gran diversidad de ecosistemas. Se han encontrado plantas vasculares a más de 6.000 m de altura y viven allí tigres, elefantes, rinocerontes y buitres.
- ***Corredor Irán-Anatolia***: Forma una barrera natural entre la cuenca mediterránea y las secas mesetas de Asia occidental y sus montañas y cuencas contienen centenares de endemismos. En la parte iraní vive el guepardo asiático, el mamífero más veloz de la Tierra que se encuentra al borde de la extinción.
- ***Montañas de Asia central***: Encierra dos de las mayores cordilleras asiáticas, con montañas por encima de los 6.500 metros de altitud, pero también cuencas desérticas como el valle Fergana. Es el hábitat de una rica variedad de ungulados, entre los que se halla la oveja salvaje de argali. Contiene un gran número de endemismos de plantas y la caza amenaza a la oveja Marco Polo (Fig. 10.8).

FIGURA 10.8. Oveja Marco Polo.

- ***Japón***: Las más de 3.000 islas que forman el archipiélago nipón pasan del húmedo subtrópico en el sur a la zona boreal en el norte. Una cuarta parte de las especies de vertebrados son endémicas, destacando el macaco y el mono albino. Tiene también una alta diversidad de anfibios.
- ***Islas Melanesias del Este***: Las 6.000 islas hasta ahora intactas, se han convertido en punto caliente debido a la acelerada pérdida de hábitat causada por la tala excesiva, la minería y las prácticas agrícolas no sostenibles. Es una de las áreas más complejas de la Tierra y alberga 3.000 especies de plantas endémicas y el erizo de mar de las islas Salomón. Se enfrenta a la amenaza de especies invasoras.

10.4. BIOTECNOLOGÍA Y BIODIVERSIDAD

Se denomina ***biotecnología*** a toda aplicación tecnológica que utiliza sistemas biológicos y organismos vivos o sus derivados para la creación o modificación de productos o procesos para usos específicos.

Si conocemos mal las especies, con excepción de los mamíferos, los pájaros y las plantas superiores, con mayor razón estamos a años luz de aquilatar la diversidad genética. Por una parte, cada individuo de una misma especie posee una multitud de genes responsables de los rasgos que le son propios. La especie humana cuenta unos 100.000, que los investigadores no han terminado de identificar. Por otra parte, la diversidad genética se expresa a través de la existencia de poblaciones diferentes en el seno de una misma especie, por ejemplo se han inventariado en el mundo unas 2.000 variedades de manzanas. Desde hace milenios, el ser humano ha explotado la diversidad genética para domesticar algunas especies salvajes, en especial gracias a los ***cruzamientos***. La biotecnología le permite ahora ir más rápido y más lejos y crear variedades de plantas y animales ***transgénicos***.

10.4.1. Mejora vegetal

Los orígenes de la agricultura son consustanciales con los de la mejora vegetal. Cuando se sitúa a un organismo en condiciones ambientales diferentes de las naturales empiezan a actuar sobre él fuerzas selectivas distintas de las que hasta entonces venia soportando. Planta cultivada es sinónimo de planta modificada genéticamente, es decir mejorada, y sus características responden a diversas presiones de selección consciente o inconsciente que la especie humana ha aplicado siguiendo numerosos criterios.

En el mundo desarrollado las técnicas agrícolas han conseguido rendimientos nunca imaginados, de tal modo que las variedades modernas de plantas han desplazado en poco tiempo a las tradicionales y no sólo en los países desarrollados, originando una pérdida de biodiversidad. La pérdida de variedades tradicionales en casi todos los cultivos, pues los principales desplazaron rápidamente a los secundarios, fue tan rápida que no pudieron percibirse las señales de alarma. El progreso obtenido hasta entonces ha sido consecuencia de la existencia de un material de partida idóneo en cuanto a la variabilidad necesaria.

La ***mejora genética vegetal*** es técnica porque aplica conocimientos de la genética, pero también de otras disciplinas como la fitopatología, la bioquímica, la fisiología vegetal, etc. Sin embargo, es a la vez ciencia en cuanto a que posee métodos propios de investigación para perfeccionar su fin último: modificar el mensaje hereditario de la manera más eficaz posible, y sigue teniendo mucho de arte ya que el éxito depende de la aptitud personal del mejorador para descubrir la variedad ideal.

En épocas primitivas fue fundamentalmente un arte y su norma era la diversidad. Al ir siendo el arte reemplazado por la técnica y por la ciencia desaparece aquella diversidad, siendo sustituida por productos más rentables en mercados cada vez más amplios y consecuencia también de la necesidad de resolver el grave problema alimenticio de la humanidad.

Para considerar la diversidad que tenemos actualmente hay que tener en cuenta el patrón cultural humano con sus diferentes requerimientos en alimentos, vestidos, construcción, estimulantes, placer o capricho. Recordar el ejemplo de los tulipanes en Holanda en la segunda mitad del siglo XVI o la introducción de formas exóticas de plantas ornamentales en algunos países europeos, especialmente en la Inglaterra de los siglos XVIII y XIX.

El proceso que consiste en domesticar una planta o un animal se denomina ***selección automática*** porque el organismo responde a la nueva presión selectiva que se crea al cultivarlo o criarlo sin que el ser humano intente hacer selección alguna.

Desde el comienzo de la agricultura hasta principios del siglo XVIII la selección fue intuitiva aplicando criterios visuales para elegir las semillas o plantas apropiadas para la siembra siguiente. Esta selección lenta pero eficaz a largo plazo fue creadora de diversidad, pues en cada lugar cada agricultor aplicaba sus propias ideas.

A partir del siglo XVIII se crearon grandes instituciones como los jardines botánicos de índole científica o las sociedades de agricultores y ganaderos, iniciándose una mejora científica que todavía no genética surgió de la constatación de que las plantas tienen sexo, lo que dio lugar a la puesta en marcha de los cruzamientos dirigidos. Dicha mejora acompañó a la agricultura científica de la Inglaterra de la Revolución Industrial justamente cuando a las ciudades industriales recién creadas acudían campesinos que despoblaban el campo inglés para convertirse en proletarios. Los agricultores habían dejado de ser productores para convertirse en consumidores, se trataba pues de un problema de hambre similar al surgido 10.000 años antes, siendo necesarias otras técnicas y otros materiales. Así nació la agricultura actual que generaría una peligrosa uniformidad. A España llegaría con grandes esfuerzos hacia la mitad del siglo XIX.

A la vez se produce la mejora comercial, hasta ese momento el agricultor había seleccionado él mismo las semillas para sus propias siembras pero entonces aparecen las primeras empresas productoras de semilla de siembra que se encargaron de hacer la selección, siendo la primera de ellas *Vilmorin* fundada en 1743 y que ha sobrevivido hasta hace muy poco tiempo. El primer texto de mejora se publica en 1895 y es el anuncio del nacimiento de la mejora genética que despega con el descubrimiento de las leyes de Mendel. Todo ello permitió obtener nuevas variedades, cuyos rendimientos eran cada vez más altos y las plantas cada vez mejor adaptadas a ambientes diversos, tal y como las necesitaban los agricultores.

Finalizada la Segunda Guerra Mundial se expande definitivamente la agricultura de altos rendimientos y se registra una invasión de variedades que ya no están seleccionadas *in situ*, lo que acarrea un profundo barrido de variedades autóctonas. El factor prisa se introduce en la mejora, el mejorador individual pierde toda su independencia y las decisiones las toma alguien que puede incluso desconocer lo que es la agricultura.

Es a mediados del siglo XX cuando se dio la señal de alerta, al extinguirse a gran velocidad las antiguas variedades que permitieron la selección de las modernas y se señaló el peligro de la uniformidad genética que se estaba alcanzando. Se demostró que el material antiguo aún existente contiene valiosos genes de resistencia a plagas y enfermedades que podían y debían ser transferidos a las variedades modernas.

En el periodo 1920-1940 se empieza a tomar conciencia del problema y se inicia la recogida y conservación de ***germoplasma*** para su utilización en planes de mejora, siendo los pioneros I. Vavilov en la antigua URSS y H. Harlan en Estados Unidos que forman colecciones de plantas cultivadas.

FIGURA 10.9. Cruz Gallástegui.

España quedó fuera de juego, a pesar de los esfuerzos del ingeniero agrónomo C. Gallástegui fundador de la Misión Biológica Galicia, que estudió los maíces híbridos y desgraciadamente junto con otros vio truncada su labor por la Guerra Civil.

En la actualidad los trabajos de mejora son realizados por grandes compañías y empresas públicas y se suelen manejar pocas especies, los cultivos de auténtica importancia mundial no superan la veintena. En el caso de multinacionales las prioridades se deciden a nivel de consejos ejecutivos o de instituciones internacionales. La llegada de la ingeniería genética ha venido a reforzar esta manera de actuar, el procedimiento más operativo consiste en concentrar en un mismo lugar auténticas cadenas de producción compuestas por especialistas en biotecnología, mejora clásica, estadística, agronomía, comercialización, etc.

Este sistema no tiene porqué empobrecer los recursos fitogenéticos, sino al contrario al situar en el campo del agricultor variedades con nuevos genes, como si estos hubieran sido producidos por mutación natural o artificial. La riqueza genética sólo es eliminada por una mala práctica agrícola.

El escape de genes ha existido desde el momento en que se produjo la primera planta cultivada por la acción humana; entre ésta y la silvestre ocurrieron cruzamientos naturales que transfirieron genes en ambas direcciones. Los cruces espontáneos sólo serán posibles si plantas cultivadas y silvestres existen en el mismo lugar y si el cruzamiento origina formas fértiles. Así el maíz y el tomate sólo podrán liberar genes en

América, la soja en Manchuria, del trigo sólo podrán escapar genes en el Próximo Oriente donde aún existen trigos silvestres. En Europa sólo en la parte atlántica templada, la colza y la remolacha podrían dejar sus genes biotecnológicos como lo hacen con los naturales.

10.4.2. Mejora animal

Para la ***mejora genética animal***, en primer lugar hay que definir el objetivo, o sea los caracteres que se desean mejorar en el contexto de un sistema productivo y de comercialización. A continuación hay que evaluar las distintas poblaciones disponibles al objeto de elegir las mas idóneas, así como establecer un sistema de cruzamiento, si este fuera deseable. En el tercer paso se diseña un sistema de ensayo y selección para el incremento continuo del mérito genético-económico y por último se trata de diseminar el progreso genético, extendiendo los cambios inducidos en los núcleos de selección a toda la población ganadera.

Un ejemplo en España es el progreso genético obtenido en el programa de selección realizado en el País Vasco en la raza de ovejas latxa cara negra, con tasas anuales de 1,2% en el periodo 1986-1995 para el carácter producción de leche, que equivalen a una mejora en este periodo de 12,8 litros de leche por lactación (Figura 10.10).

Los cambios genéticos son continuos, acumulativos y permanentes. Un programa de mejora genética eficaz tiene como consecuencia

FIGURA 10.10. Ovejas latxa cara negra del País Vasco.

una propagación rápida de los mejores genotipos y por lo tanto una pérdida de biodiversidad. La mejora genética implica la sustitución de razas menos productivas por las más productivas, siendo de particular importancia en el caso de la producción más intensificada como la de aves, porcino y conejos, y en menor medida en la de rumiantes.

A nivel internacional uno de los ejemplos más representativos lo constituye la ***holsteinización*** de las poblaciones vacunas de producción lechera. Las poblaciones de vacuno lechero de Estados Unidos y Canadá que constituyen la raza *holstein*, proceden de poblaciones de raza frisona europeas y se especializaron en la primera mitad del siglo XX en producción de leche. A partir de los años setenta se consagraron como las mejores productoras y todos los países europeos importaron este material genético. De este modo el porcentaje de genes *holstein* en el vacuno frisón de Gran Bretaña aumentó desde el 5-6% en el trienio 1972-74 hasta el 62-63% en 1987-89. En España en 1987 el porcentaje de estos genes era del 68% en los sementales en valoración genética y del 99% en los sementales del catálogo oficial del Ministerio de Agricultura, Pesca y Alimentación.

Los actuales objetivos de selección pueden cambiar y especies que en la actualidad no son rentables pueden convertirse de nuevo en útiles, como ha ocurrido ya en varias ocasiones a lo largo de la Historia. Así en el siglo XIX la demanda de grasa favoreció el uso de razas de engorde rápido, que han sido desplazadas en las últimas décadas por razas de superior crecimiento magro.

Criterios económicos pueden llevar a la extinción de razas o al abandono de la actividad ganadera en regiones marginales y la justificación de la conservación es el mantenimiento de la diversidad genética. Así las características de una raza hoy por hoy desechada pueden ser valiosas en el futuro, especialmente las relacionadas con la resistencia a las enfermedades, la adaptación a ambientes estresantes o a dietas basadas en nuevas plantas o subproductos industriales. Un ejemplo clásico es el de las razas africanas, tolerantes a la tripanosomiasis, que están siendo amenazadas por el cruzamiento indiscriminado con razas sensibles a esta enfermedad.

10.5. BIODIVERSIDAD EN ESPAÑA

La península Ibérica y las islas Baleares albergan en sus 600.000 Km^2 de extensión unas 7.000 especies de plantas vasculares con un número de endemismos que se acerca a 1.500 especies. Las islas Canarias se han venido incluyendo dentro de la región macaronésica que comprende una serie de archipiélagos atlánticos, desde el más septentrional de Azores pasando por Madeira, Desertas, Salvagens y Canarias, hasta Cabo Verde. Un contingente endémico común, que incluye una docena de géneros exclusivos y unas 120 especies, ha servido para que muchos autores reconozcan en esta región macaronésica relaciones originarias indudables con la primitiva flora mediterránea. Especialistas en geobotánica supeditan dicha región a la mediterránea al considerar que Azores y Cabo Verde deberían ser excluidos por sus bioclimas.

España, incluso sin contar con las islas Canarias, es el país más rico en plantas vasculares de Europa y del Mediterráneo y con objeto de identificar esta alta diversidad nació en 1979 el proyecto nacional *Flora Ibérica* que trata de: i) poner al día los conocimientos sobre dicha flora a partir de investigación taxonómica original y de la síntesis de información bibliográfica, ii) facilitar la determinación de plantas vasculares a profesionales, naturalistas y aficionados y iii) dar estabilidad a los nombres científicos.

La riqueza fúngica (2.074 géneros y 71.800 especies) se refleja en otro proyecto denominado *Flora Micológica Ibérica* que desde 1988 lleva trabajando con aproximadamente los mismos objetivos: realizar el inventario completo de la biota fúngica ibérica y editar una obra de síntesis que permita conocer y reconocer los taxones que la integran.

La biodiversidad de briófitos, musgos y hepáticas en sentido general, en España es también objeto de estudio y análisis desde 1998 en el proyecto *Flora Briofítica Ibérica*, aunque el comienzo de la Briología española dataría del siglo XVIII con la obra de J. Quer que contiene un primer catálogo de 17 especies de musgos.

La península Ibérica constituye un enclave de especial interés por su biodiversidad animal, aunque la elección de áreas sujetas a protección ambiental se ha realizado generalmente con el criterio de evitar la extinción de algunas especies emblemáticas, vistosas o de gran talla. De acuerdo con el CDB de Río de Janeiro ratificado por España en 1993, nuestro país se comprometió a realizar un inventario completo de la diversidad animal. Esta labor se había iniciado en 1988 con el proyecto *Fauna Ibérica* en el ámbito ibero-balear, y la información generada ha tenido difusión a través de tres series de monografías: *Fauna Ibérica*, *Documentos Fauna Ibérica* y *Campañas Oceanográficas*. A ellas se añadió en 2002 una nueva serie, *Listas de especies de la fauna ibérica*.

Otros aspectos de la diversidad biológica española son aquellos que contemplan el estado de conocimiento de los artrópodos ibéricos, los lepidópteros y la ictiofauna, sin olvidar la diversidad y funcionalidad de los paisajes naturales y de los sistemas agrarios tradicionales.

La difusión de resultados y el estado actual del conocimiento de la biodiversidad Ibérica se realiza también mediante ciclos de conferencias, congresos y contactos con los coordinadores de otros programas de inventario y bases de datos extranjeros. Asimismo, la información zoológica que abarca un gran volumen de datos se organiza en bases de datos, listas taxonómicas, catálogos, etc., que son accesibles *via* Internet para optimizar la difusión de la información obtenida sobre la diversidad biológica.

Terminar mencionando el Inventario Nacional de Biodiversidad promovido por el Ministerio de Medio Ambiente y publicado a principios del año 2005 en varios volúmenes y discos compactos que reúne el conocimiento preciso de las especies de la fauna y la flora que habitan en cada una de las 5.000 cuadrículas de 10 por 10 kilómetros que componen el territorio de España. Constituye una información básica para acometer correctamente políticas de conservación de la naturaleza, desarrollo rural, infraestructuras y demás decisiones que deban tomarse desde las administraciones públicas.

EJERCICIOS DE AUTOCOMPROBACIÓN

1. Enumerar los diferentes tipos de diversidad.
2. Cuales son las características diferenciales más significativas entre diversidad biológica y biodiversidad.
3. ¿A qué causas se atribuye la pérdida de biodiversidad?
4. ¿Cómo repercute la definición de especie en la cuantificación del número de especies diferentes?
5. Indicar de modo aproximado la distribución de especies en los diferentes reinos.
6. ¿Por qué es necesario conservar la biodiversidad?
7. ¿Qué son los santuarios de la biodiversidad?
8. Enumerar las repercusiones más importantes de la agricultura y ganadería modernas en el medio ambiente.

Unidad Didáctica IV

ECOSISTEMAS: ESTRUCTURA Y FUNCIÓN

TEORÍA DE SISTEMAS. CONCEPTO DE ECOSISTEMA. TIPOS DE ECOSISTEMAS

11

Ecosistema acuático.

SUMARIO

OBJETIVOS

1. Conocer qué es la teoría general de sistemas.
2. Estudiar los modelos de sistemas caja negra y caja blanca que permiten analizar los ecosistemas.
3. Exponer el concepto de ecosistema y tipos de ecosistemas.
4. Describir las principales características de los ecosistemas o biomas terrestres.
5. Analizar los diferentes tipos de ecosistemas de agua dulce y sus características.
6. Estudiar la estructura de los océanos como un ecosistema.

11.1. INTRODUCCIÓN

La ***Teoría General de Sistemas*** fue introducida en 1930 por Ludwig Von Bertalanffy (1901-1972). En esta teoría se considera un sistema como un conjunto de componentes físicos, teóricos (teorías y planteamientos), matemáticos (modelos), etc. que forman y actúan como un todo.

El término ***sistema*** procede del griego *systema*, que significa «conjunto» y se define como un conjunto de partes interdependientes que interaccionan unas sobre otras y por tanto no deben considerarse individualmente. Un sistema no es sólo la suma de sus partes, puesto que debido a las interacciones entre las mismas aparecen unas propiedades denominadas ***emergentes*** que no están presentes si se estudian por separado las partes que componen el sistema. Los ejemplos de sistemas son numerosos: el cuerpo humano, un barco, un bosque, etc. Si tomamos como ejemplo una charca, se puede analizar considerando que está formada por una serie de partes (agua, sustancias disueltas, organismos, etc.) o bien, puede estudiarse como un ecosistema si se interrelacionan todas sus partes y se consideran como un conjunto. La Tierra se puede considerar como un sistema cerrado: entra y sale energía aunque no materia. La energía que entra es radiación electromagnética solar (mayoritariamente luz visible) y sale energía en forma de radiación reflejada y como radiación infrarroja (calor), procedente de la superficie terrestre calentada previamente por el sol.

Los sistemas tienen una estructura (componentes) y una función y se analizan con el objetivo de conocer la relación entre su estructura y su función. El sistema interactúa con el ambiente procesando las entradas y produciendo salidas.

Los sistemas pueden estudiarse a través de modelos, que por comparación con la realidad se validan o no. Existen dos puntos de vista diferentes: los modelos de sistemas caja negra donde se pone especial énfasis en sus posibles modificaciones pero sin detenerse en la estructura y funcionamiento, y los modelos caja blanca donde se analiza el funcionamiento y la estructura del sistema, modelando las interacciones y posibles alteraciones del mismo.

11.2. MODELOS DE SISTEMAS CAJA NEGRA

La representación de un sistema real se puede realizar mediante los ***modelos de caja negra*** que son aquellos que reciben entradas del exterior y producen salidas, necesitando constantemente nuevas entradas para funcionar. En este tipo de modelos (Figura 11.1) sólo interesan los intercambios que se producen con el entorno (entradas y salidas de materia, energía, etc.).

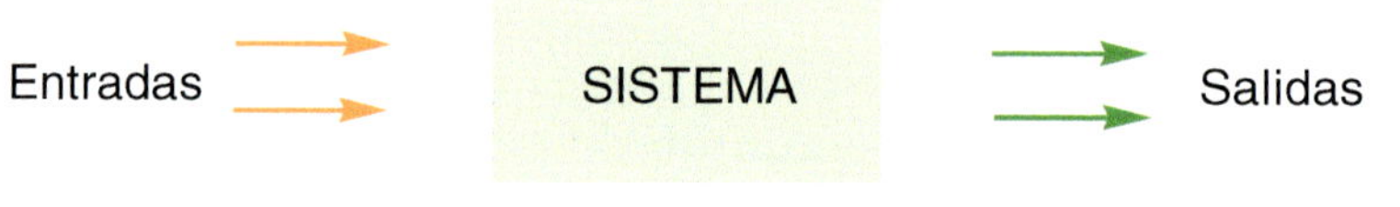

FIGURA 11.1. Sistema de caja negra.

Los sistemas de caja negra pueden clasificarse en tres categorías, según el intercambio de materia y energía con el entorno:

Abiertos: son aquellos en los que se producen entradas y salidas de materia y energía dejando de funcionar si se cortan las entradas. Los ecosistemas son sistemas abiertos donde existen entradas y salidas de materia y energía continuas, aunque sus funciones se mantienen constantes (Figura 11.2).

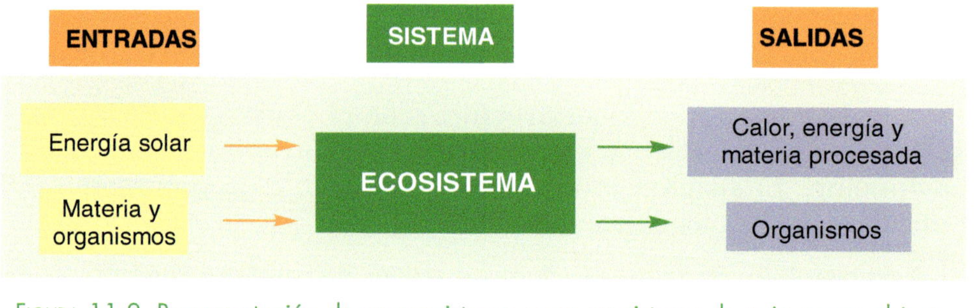

FIGURA 11.2. Representación de un ecosistema como un sistema de caja negra abierto.

Cerrados: son aquellos en los cuales hay intercambio de energía con el entorno, pero no de materia. Los ciclos biogeoquímicos son ejemplos de sistemas cerrados.

Aislados: son sistemas en los que no existe intercambio de materia y energía con el entorno, como por ejemplo el Sistema Solar.

11.3. MODELOS DE SISTEMAS CAJA BLANCA

Otro tipo de sistemas son los denominados ***modelos de sistemas de caja blanca*** que se basan en la observación del interior del sistema. Estos sistemas se representan mediante las variables o componentes que los integran y flechas que indican las interacciones entre las variables (Figura 11.3).

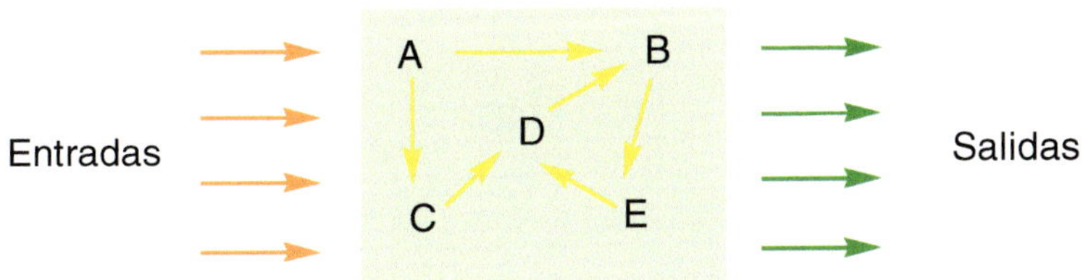

FIGURA 11.3. Sistema de caja blanca.

Si se conocen las relaciones entre los componentes de un sistema se forman grupos relacionados llamados ***subsistemas***. En la figura 11.4 se representa los elementos o componentes y los subsistemas que forman un ecosistema.

Las relaciones establecidas entre las variables del sistema pueden ser simples o complejas. Las ***relaciones simples*** representan la influencia de un elemento sobre otro pudiendo ser directas, inversas o encadenadas.

Las ***relaciones directas*** o ***positivas*** son aquellas donde un aumento de la variable A causa como efecto una aumento de la variable B y la disminución de A produce una disminución de B. Estas relaciones se indican con un signo + sobre la flecha (Figura 11.5).

Las ***relaciones inversas*** o ***negativas*** son las que implican que un aumento de la variable A produce una disminución de B, o viceversa. Se representan con un signo – sobre la flecha (Figura 11.6).

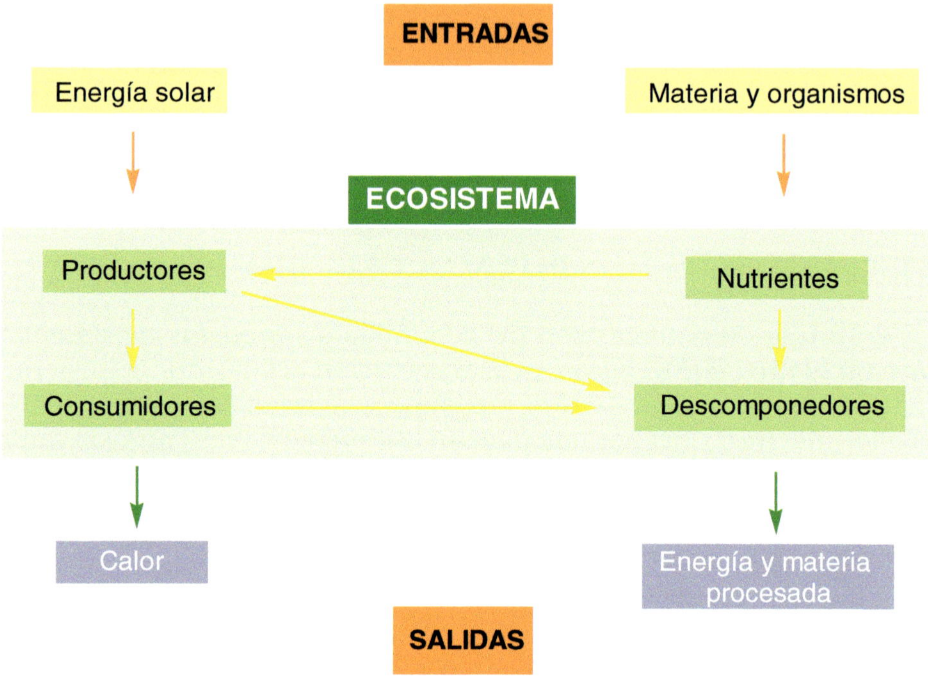

FIGURA 11.4. Representación de un ecosistema como un sistema de caja blanca.

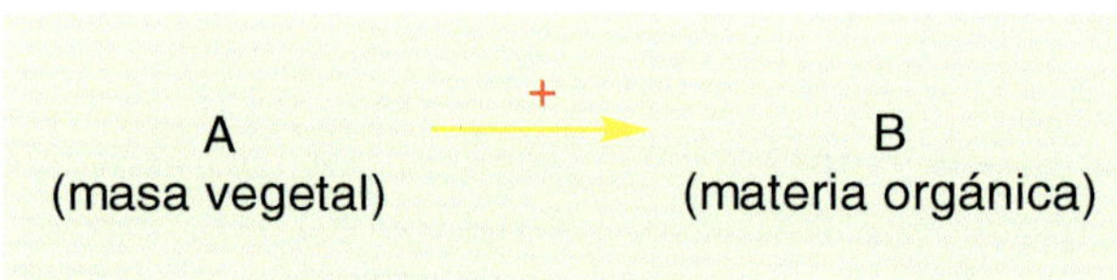

FIGURA 11.5. Relación directa: el aumento de masa vegetal produce un aumento de materia orgánica.

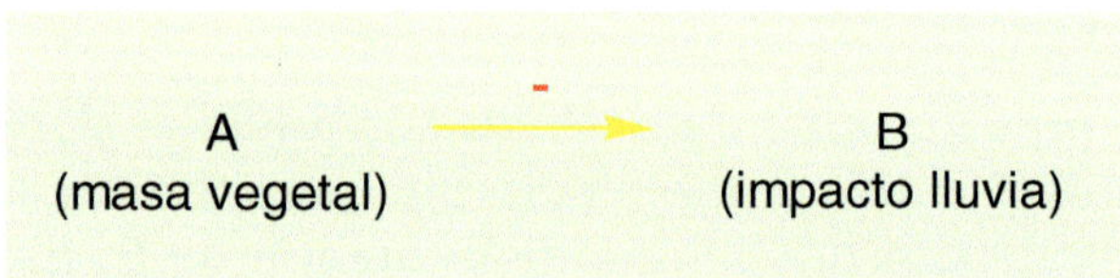

FIGURA 11.6. Relación inversa: al aumentar la masa vegetal se produce una disminución del impacto de la lluvia sobre el suelo.

Las ***relaciones encadenadas*** son aquellas que implican un número de variables superior a dos. Si el número de relaciones negativas es par la relación resultante es positiva, cuando es impar es negativa. Un ejemplo es el proceso que conduce a la eutrofización de las aguas.

En el caso de las ***relaciones complejas*** la acción de una variable sobre otra implica que esta actúe sobre la primera. Este tipo de relaciones se conocen como bucles de realimentación y pueden ser positivos o negativos. En la ***realimentación positiva*** el aumento de A produce una aumento de B que a su vez sigue produciendo el aumento de A (Figura 11.7). Por ejemplo, en el crecimiento exponencial de una población, si aumenta la población inicial se produce un mayor número de nacimientos que a su vez incrementarán la población y así indefinidamente, si no se producen unas condiciones adversas como la falta de recursos o espacio que alteren el bucle formado.

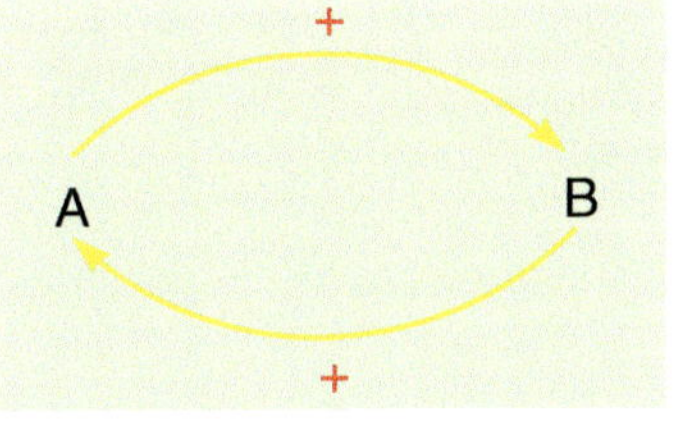

FIGURA 11.7. Bucle de realimentación positiva.

La ***realimentación negativa*** ocurre cuando al aumentar A se incrementa B que produce la disminución de A (Figura 11.8). Un ejemplo de realimentación negativa es cuando el aumento de la población de una especie de presa provoca un incremento de la población de sus depredadores como consecuencia del aumento de la reproducción al tener alimento (Tema 7) y, a su vez, esto conduce a una reducción de la población de presas por un aumento de la mortalidad debido a la depredación.

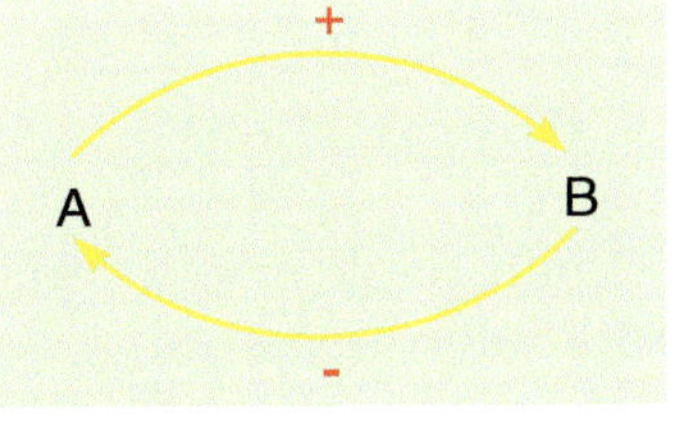

FIGURA 11.8. Bucle de realimentación negativa.

Los sistemas biológicos como células, organismos, poblaciones o ecosistemas son abiertos porque dependen del ambiente exterior para entradas y salidas y también son ***sistemas cibernéticos*** (proviene del griego *cyber* que significa timonel) porque utilizan algún tipo de mecanismo de realimentación para su autorregulación.

Las componentes principales de un sistema cibernético son el punto de partida (PP) que es el estado inicial, la realimentación positiva (RP) que tiende a alejar el sistema del punto de partida (PP) y la realimentación negativa (RN) que llevaría al sistema a su origen (Figura 11.9).

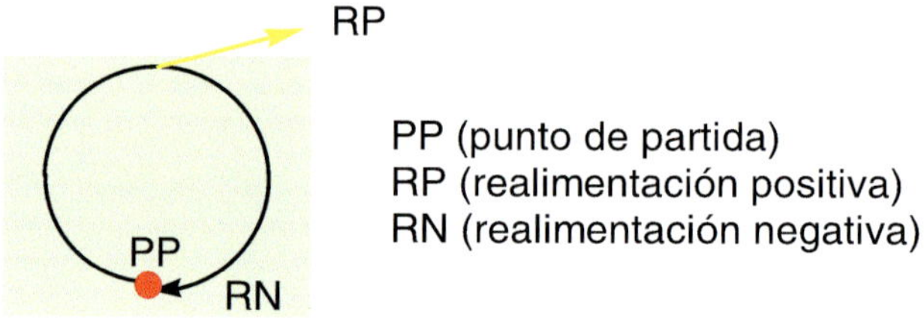

FIGURA 11.9. Componentes de un sistema cibernético.

En el caso de una población el PP será el conjunto de las parejas iniciales, la RP será la tasa de natalidad y la RN la tasa de mortalidad. El número de nacimientos y muertes producidos mantienen el equilibrio del sistema. Los ecosistemas, al igual que las poblaciones y organismos que los componen son capaces de autorregularse y conservarse. Si su situación de equilibrio es alterada por un factor ambiental o biológico, al igual que en los sistemas cibernéticos, se pone en funcionamiento un mecanismo de realimentación, de forma que el sistema tiende a corregir esa desviación y volver a la posición original, aunque las desviaciones sólo pueden ser corregidas dentro de unos límites.

11.4. CONCEPTO DE ECOSISTEMA

El concepto de ecosistema surge como consecuencia de los intentos de describir las comunidades de plantas y dentro de la teoría general de sistemas, considerándose un sistema complejo formado por elementos físicos (biotopo) y biológicos (biocenosis).

Aunque el término ***ecosistema*** fue introducido por el ecólogo inglés A. Tansley en 1935, posteriormente otros autores como E. Odum, intentado dar un significado más preciso, lo han redefinido como: «cualquier unidad que incluya la totalidad de los organismos (comunidad) de un área determinada que actúan en reciprocidad con el medio físico de modo que una corriente de energía conduzca a una estructura trófica, una diversidad biótica y a ciclos materiales claramente definidos dentro del sistema».

Según R. Margalef es: «Un sistema formado por individuos de muchas especies, en el seno de un ambiente de características definibles, e implicados en un proceso dinámico e incesante de interacción, ajuste y regulación».

En general, como se ha visto en el Tema 1 podemos decir de forma simplificada que el ecosistema es el conjunto de la ***biocenosis*** (organismos vivos que componen el ecosistema) y el ***biotopo*** (factores físicos y químicos). Los ecosistemas son sistemas complejos como la ecosfera que es el mayor ecosistema que abarca el conjunto de todos los ecosistemas que constituyen la Tierra, un océano, un lago, un árbol, etc., cuyo funcionamiento es parecido, requieren una fuente de energía para mantener la vida y además en ellos se produce un continuo movi-

FIGURA 11.10. Componentes de un ecosistema (biocenosis y biotopo).

miento de materiales. Las sustancias químicas pasan del suelo, el agua, etc., a los organismos y de estos a otros seres vivos, hasta que se cierra el ciclo cuando vuelven de nuevo al suelo, o al agua, etc.

Se puede considerar un ecosistema a cualquier sistema interactivo cuyos componentes básicos son los productores (plantas verdes), los consumidores (herbívoros y carnívoros) y los descomponedores (hongos y bacterias) que se relacionan entre sí y con el medio abiótico. Un ecosistema presenta diferentes tipos de hábitat o lugares del medio físico ocupados por un organismo, población o comunidad en un tiempo determinado. Los ecosistemas necesitan unas entradas de energía, que proviene principalmente del Sol y de materia, estableciéndose unos flujos de energía y ciclos de materia regulados por los organismos productores, consumidores y descomponedores que reciclan la materia, en un ciclo cerrado, y dejan pasar la energía (salidas del sistema).

En los ecosistemas igual que ocurre en las comunidades es difícil definir los límites (ecotono). Por ejemplo, aunque parecen claros los límites entre un ecosistema acuático como un lago y el ecosistema terrestre que lo rodea, al analizarlos detenidamente se observa que gran cantidad de plantas viven en la orilla entre la tierra y el agua y lo mismo ocurre para determinados animales como los anfibios, que pasan de un ecosistema a otro.

11.5. ECOSISTEMAS TERRESTRES

Los principales ecosistemas o biomas terrestres distribuidos por todo el mundo son: la tundra, los bosques de coníferas o taiga, los bosques caducifolios, chaparral o bosque mediterráneo, las praderas o estepas, los desiertos, las sabanas y los bosques tropicales o selvas pluviales (ver Tema 2).

11.5.1. Tundra

El término ***tundra*** proviene del finés «*tunturi*», que significa llanura sin árboles. Aproximadamente un tercio de la superficie de la tierra es tundra, diferenciándose entre la tundra ártica situada en el Hemisferio Norte y la tundra alpina localizada en zonas de alta montaña alrededor del mundo. Las principales características de ambas regiones son las temperaturas bajas, la corta estación de crecimiento vegetal y las precipitaciones pluviales escasas, aunque el agua no es el factor limitante decisivo, ya que también la evaporación es baja.

La tundra ártica se caracteriza por el ***permafrost*** o suelo helado de manera permanente. Únicamente las capas superiores se deshielan en la época estival volviéndose a congelar en invierno. El agua se queda retenida en la superficie o bien, se desplaza pero siempre permanece en la capa superior del suelo debido a que el permafrost es impermeable. En la tundra alpina el permafrost es más reducido y por ello los suelos de estas zonas son más secos. Las precipitaciones de nieve y la humedad del ambiente son mayores en las regiones alpinas que en la tundra ártica pero se produce una pérdida de agua rápida debido a la topografía abrupta de estas zonas.

El número de especies vegetales de la tundra es reducido (Figura 11.11). En la zona ártica existen sólo especies capaces de soportar los vientos, los cambios del suelo y la abrasión de las partículas de hielo que transporta el viento. En la tundra alpina las condiciones son más drásticas debido a las variaciones bruscas de temperatura en verano y los fuertes vientos.

En las zonas menos elevadas de la tundra ártica la vegetación se reduce a erioforos (*Eriophorum* spp.), juncos (*Carex* spp.) y musgos esfagnos (*Sphagnum* spp.) (Figura 11.12). Mientras en las zonas más secas y expuestas a las heladas como las colinas, la vegetación está más dispersa y formada por dríades (*Dryas* spp.), líquenes y brezos (*Erica* spp.). También aparecen arbustos como sauces (*Salix* spp.) y abedules (*Betula* spp.) en los suelos mejor drenados.

FIGURA 11.11. Tundra en verano con la aparición de musgos, líquenes y arbustos.

FIGURA. 11.12. Tundra ártica: flora (*Eriophorum scheuchzeri*) y fauna (*Alopex lagopus*).

La microbiota se localiza cerca de la superficie y puede tolerar temperaturas bajas. En la capa superior del suelo habitan los hongos y las bacterias aeróbicas y en la parte más profunda las bacterias anaeróbicas.

La diversidad de especies animales en la tundra es baja. Aunque en la época de deshielo los insectos encuentran un ambiente óptimo para su desarrollo, abundando en su superficie las poblaciones de colémbolos y dípteros, que aparecen en la tundra ártica con la llegada de la estación estival. En la tundra alpina predomina los colémbolos, escarabajos y mariposas, entre otros.

La vegetación producida durante las largas horas de luz en verano, junto con las plantas que crecen en las lagunas y el fitoplancton del Océano Ártico, proporcionan suficiente alimento a una gran variedad de mamíferos que viven en la tundra de forma permanente y a ciertas aves migratorias.

Entre los vertebrados de la zona ártica cabe destacar herbívoros como el reno o caribú (*Rangifer tarandus*), buey almizclero (*Ovibos moschatus*), liebre ártica (*Lepus arcticus*), perdiz nival (*Lagopus mutus*) y lemmings (*Lemus* spp.). El lobo (*Canis lupus*) es el carnívoro más grande y también existen otros depredadores de menor tamaño como el zorro ártico (*Alopex lagopus*). Algunas aves sólo llegan a la tundra en verano para anidar y se alimentan principalmente de insectos y otras son aves sedentarias como búho nival (*Nyctea scandiaca*) y los págalos (*Stercorarius* spp.).

11.5.2. Bosques de coníferas o taiga

La ***taiga o bosque boreal*** es la formación vegetal de mayor extensión en la Tierra, desarrollándose al sur de la tundra. Se extiende en

FIGURA 11.13. Las coníferas son las especies vegetales predominantes en la taiga.

latitudes altas del hemisferio norte formando una franja de bosques donde abundan las coníferas (pinos, abetos, cedros) (Figura 11.13). En América ocupa gran parte de Alaska y Canadá, y en Europa y Asia se extiende por la península Escandinava y Siberia hasta el Norte de Japón.

El clima de la taiga es frío continental con grandes variaciones en las estaciones. Los veranos son cortos con temperaturas frescas y los inviernos secos, produciéndose grandes diferencias de temperatura entre ambas estaciones. El ecosistema de la taiga está condicionado por dos factores, las bajas temperaturas durante casi todo el año (inferiores a –40 °C en invierno) que originan un periodo vegetativo corto, y la escasez de precipitaciones (entre 250 y 500 mm anuales). Además como el agua se encuentra congelada no está disponible para las plantas durante gran parte del año y el permafrost aumenta la humedad del suelo al impedir la filtración del agua cuando se descongela.

La taiga es un formación con poca diversidad donde predominan las especies perennifolias aciculares. La distribución de su vegetación está determinada por factores como la orientación, pendiente, permafrost, etc. Por ejemplo, especies como la picea negra (*Picea mariana*) capaces de tolerar suelos húmedos y bajas concentraciones de nutrientes se desarrollan en las pendientes frías y húmedas de la taiga norteamericana. Mientras que otras como la picea blanca (*Picea glauca*) y abedules (*Betula* spp.) crecen en las pendientes más soleadas (orientadas al sur) donde el suelo no presenta permafrost.

Las coníferas están adaptadas a las condiciones climáticas de la taiga y al fuego. Sus hojas aciculares presentan cutículas gruesas para reducir la transpiración durante el verano. Además al mantener las hojas durante años, pueden iniciar la fotosíntesis en cuanto las condiciones ambientales lo permiten.

Dentro de la fauna de la taiga destaca entre los herbívoros el caribú (*Rangifer tarandus*), que habita en los bosques de piceas alimentándose de gramíneas y líquenes (Figura 11.14). En Europa y Asia se encuentran especies como el alce (*Alces* spp.), la liebre nival, o la ardilla roja (*Sciurus vulgaris*) y aves como el urogallo (*Tetrao* spp.) y el grévol (*Tetrastes bonasia*). Los mamíferos depredadores que viven en estas zonas son el lobo y la marta americana (*Martes americana*) y entre las aves depredadoras están el cárabo de Laponia (*Strix nebulosa*) y el azor (*Accipiter* spp.).

FIGURA 11.14. El caribú (*Rangifer tarandus*) es una de las especies animales que abunda en la taiga y la tundra.

Los grandes problemas de este ecosistema son la explotación forestal, que está conduciendo al desplazamiento del ecotono entre taiga y tundra, y la extracción de los yacimientos de minerales que ha provocado una aumento de la contaminación ambiental.

11.5.3. Bosques caducifolios

Los ***bosques caducifolios*** cubrían extensas áreas que se han ido reduciendo al transformarlas en terrenos de cultivo. Se sitúan por debajo de la taiga y ocupan zonas de Europa Central, Asia (China y Japón) y América.

El clima de estas regiones es templado-húmedo, con estaciones marcadas y precipitaciones que varían de 750 a 1500 mm repartidas a lo largo del año. Predominan los árboles de hoja caduca que en otoño producen una gran cantidad de hojarasca, descompuesta rápidamente por la numerosa fauna edáfica.

Las principales especies vegetales que forman estos bosques son las hayas (*Fagus sylvatica*), robles (*Quercus* spp.), carpes (*Carpinus* spp.), abedules (*Betula* spp.), etc. (Figura 11.15). La vegetación en el bosque caducifolio está estratificada, con una capa superior formada por árboles, seguida de una capa de arbustos y la capa inferior cercana al suelo constituida por plantas herbáceas, helechos y musgos. La distribución de esta vegetación depende de la intensidad de luz que recibe el suelo en las diferentes estaciones. En primavera, cuando aun no han salido las hojas, y en otoño son las estaciones en las cuales el suelo recibe el máximo de luz.

La estratificación del bosque caducifolio condiciona también la diversidad de la fauna. Algunas especies de aves ocupan los estratos superiores y otras viven en la capa inferior pero suben a las otras capas en busca de alimento o para posarse. Los vertebrados de mayor tamaño como el ciervo (*Cervus* spp.), el zorro, el lobo, el oso (*Ursus* spp.), el jabalí (*Sus scrofa*), etc. viven en las capas inferiores y algunos como los ratones y las musarañas se refugian en el suelo y la abundante hojarasca donde también encuentran alimento. Los invertebrados se desarrollan y viven generalmente en el estrato subterráneo.

FIGURA 11.15. Bosque caducifolio.

La actividad humana ha provocado que la mayoría de los bosques caducifolios de Europa estén modificados, o sea, no conservan su composición original. Además la fragmentación de estos bosque por autovías, desarrollo industrial y urbano, etc. produce graves consecuencias sobre la fauna y la vegetación. Otro problema añadido es la introducción de enfermedades que ha conducido a la devastación de algunas especies de árboles. El aumento de mortalidad de los árboles o recesión forestal, cuyo origen aún no está clarificado, amenaza el futuro de los bosque caducifolios de todo el mundo.

11.5.4. Chaparral o bosque esclerófilo

El ***chaparral o bosque esclerófilo*** se extiende en regiones entre los 30° y 40° de latitud norte y sur, denominándose también ***bosque mediterráneo*** debido a que ocupa zonas con un clima caracterizado por inviernos templados y húmedos y veranos cálidos y secos (clima mediterráneo), donde la mayor parte de las precipitaciones se producen en los meses de invierno.

En estas áreas la vegetación predominante, denominada esclerófila, son arbustos xéricos de hoja perenne y árboles de pequeño tamaño, que poseen hojas con cutículas gruesas y pelos en el envés para evitar la evapotranspiración y que además se han adaptado a los bajos niveles de nutrientes en el suelo (Figura 11.16).

FIGURA 11.16. Chaparral.

El tipo de vegetación esclerófila difiere según la zona donde se encuentra y recibe un nombre propio. En la región mediterránea se denomina ***matorral*** y ***garriga*** (España), y su equivalente es el ***chaparral*** en América (California y Méjico). En Australia las zonas de arbustos tipo mediterráneo son llamadas ***mallee***.

Estas formaciones mediterráneas de arbustos no producen hojarasca en el suelo y se inflaman con facilidad, pero se mantienen y están adaptadas a los incendios periódicos. Algunas especies presentan un sistema de raíces que les permite una regeneración rápida y la utilización de los nutrientes liberados en los fuegos, y otras producen semillas que sólo germinan después de un fuego.

Estos ecosistemas se caracterizan por arbustos de estructura leñosa de poca altura y con gran densidad de ramas. En general, los árboles que predominan son las encinas (*Quercus ilex rotundifolia*), robles (*Quercus* spp.), alcornoques (*Quercus suber*), quejigos (*Quercus faginea*), etc. y en el mallee australiano los eucaliptos (*Eucalyptus* spp.) de pequeño tamaño. Por debajo de los árboles proliferan plantas como romero *(Rosmarinus officinalis*), tomillo (*Tymus* spp.), jaras (*Cistus* spp.), etc.

En la fauna destacan el lince, el lobo, el jabalí, el ciervo, el conejo y especies de reptiles como lagartos, lagartijas, etc., y entre las aves predominan rapaces como las águilas (*Aquila* spp.), buitres (*Gyps* spp.) y milanos (*Milvus* spp.).

11.5.5. Pradera y estepa

Las praderas reciben distinta denominación según el continente: ***praderas*** en América del Norte, ***estepas*** en Europa y Asia y ***pampas*** en América del Sur. Estas regiones han llegado a ocupar aproximadamente un 40% de las zonas continentales de la Tierra, aunque en la actualidad su extensión se ha reducido hasta un 10%.

El clima de las praderas se caracteriza por precipitaciones bajas (entre 250 y 800 mm) que se concentran en determinadas épocas y sequías durante el resto del año, produciéndose un tasa de evaporación alta.

En las praderas se desarrollan en primavera hierbas altas constituidas en su mayoría por gramíneas que perecen en otoño y que crecen formando agrupaciones en tapete o en matas (Figura 11.17). Son especies adaptadas al fuego y a los animales ramoneadores. Además de esta capa de gramíneas existe un estrato inferior formado por plantas bajas como el diente de león (*Taraxacum officinale*) y un estrato intermedio con gramíneas de menor tamaño y especies de la familia de las compuestas.

FIGURA 11.17. Pradera en Argentina (pampa).

Las praderas presentan una capa de mantillo que facilita la retención del agua y estabiliza la temperatura del suelo, lo que permite una mejor germinación de las semillas. El pastoreo, la siega o los incendios provocan una disminución de la capa de mantillo y una proliferación de malas hierbas.

Existen un gran número de especies de invertebrados que habitan principalmente en la capa herbácea, pertenecientes a las familias Homópterae, Coleópterae, Dípterae, etc. En el suelo abundan las hormigas, escarabajos y arañas depredadoras. Los vertebrados que se encuentran en las praderas norteamericanas son los bisontes (*Bison bison*) y el perrillo de las praderas (*Cynomys* spp.), mientras que en las estepas euroasiáticas aparece el saiga (*Saiga tatarica*) y la gacela de Mongolia (*Procapra gutturosa*). Los herbívoros de la pampa argentina son el ciervo de la pampa (*Ozotocerus bezoarticus*) y el guanaco (*Lama guanaco*), parecidos al camello aunque más pequeños.

11.5.6. DESIERTO

Los ***desiertos*** se sitúan en dos franjas separadas entre los 15° y los 35° de latitud, en ambos Hemisferios. Las precipitaciones son reducidas, mientras que la evaporación es elevada y las diferencias de temperaturas entre el día y la noche son muy acusadas. Existen desiertos cálidos y fríos, siendo en ambos el factor limitante la escasez de agua. Las lluvias son inferiores a 100 mm/año.

En los desiertos fríos (Gobi, Turquestan, etc.) predominan especies como la *Artemisa* spp. y arbustos. Dentro de los desiertos cálidos se diferencian aquellos que poseen una vegetación muy escasa o incluso carecen de ella, y los que contienen arbustos de tallo leñoso como el *Tamarix* spp. (Figura 11.18), con raíces profundas que les permiten captar el agua subterránea. Los líquenes, algas verdes y cianobacterias son productores primarios del desierto que abundan en el suelo. La vegetación está adaptada para retener agua con reducción extrema de sus hojas, desarrollo de tallos carnosos y raíces profundas.

FIGURA 11.18. Flora de desiertos cálidos (*Tamarix* spp.).

La fauna animal del desierto incluye gran diversidad de especies de langostas, hormigas, lagartos, serpientes, etc. Una gran parte de las plantas son consumidas por herbívoros ramoneadores como las ovejas del desierto que pueden causar graves efectos sobre el ecosistema si consumen una gran cantidad de vegetales. También algunas especies de la familia *Heteromyidae* y las hormigas tienden a alimentarse de semillas llegando a comerse alrededor del 90% de la producción de semillas, causando graves alteraciones en las poblaciones de vegetales.

Los animales carnívoros del desierto como zorros y coyotes (*Canis latrans*), son consumidores oportunistas con una alimentación mixta donde incluyen también hojas y frutos.

11.5.7. Sabana

Las ***sabanas*** son formaciones situadas en África Central y meridional, Australia y América del Sur. El clima de estas regiones es continental cálido con precipitaciones entre 500 mm y 2.000 mm y los suelos son llanuras con cantidades pequeñas de nutrientes. Las lluvias se concentran en una sola estación.

El estrato principal son gramíneas en matas o tapetes acompañado de pequeños arbustos y árboles xerófilos como las acacias africanas. Las raíces de los árboles son horizontales extendiéndose por debajo de la capa de raíces de las gramíneas. La presencia de árboles proporciona un aumento de materia orgánica y nutrientes del suelo situado debajo de ellos, produciéndose un aumento de las gramíneas y arbustos.

Estas zonas contienen una gran cantidad y variedad de herbívoros que se alimentan de las hojas de los arbustos o de gramíneas. Entre los invertebrados dominan los saltamontes, escarabajos, langostas, hormigas y termitas. Estas últimas influyen en las propiedades físicas y químicas del suelo de la sabana, al mezclar la materia orgánica y mineral cuando excavan y remueven el suelo para construir sus termiteros.

Existe también una fauna abundante de ungulados que se alimentan de la hojas superiores de las gramíneas (cebras, ñus), de la hierbas bajas (gacelas) o de las hojas de las plantas leñosas como las jirafas y el rinoceronte negro (Figura 11.19). Los herbívoros ramoneadores

FIGURA 11.19. Herbívoros ramoneadores en la sabana (*Giraffa camelopardalis*).

interaccionan entre sí de forma que un consumo excesivo de vegetación de una población puede afectar al resto. Las plantas han desarrollado defensas químicas o estructurales frente a este ramoneo intenso. Algunas responden con un crecimiento más rápido de sus hojas y además concentran los hidratos de carbono en las partes más inaccesibles para los animales.

Los carnívoros predominantes son los leones, leopardos, hienas, etc., que se alimentan de los ungulados, mientras que los buitres y chacales aprovechan los animales muertos para su supervivencia.

La vegetación de la sabana en América del Sur no ha sufrido tan intensamente el impacto de las actividades humanas, al contrario de lo que sucede en África y Australia donde los incendios, los cultivos y el pastoreo han afectado considerablemente a este ecosistema.

11.5.8. Bosques tropicales

Los ***bosques tropicales*** se han dividido en varios tipos que no presentan unos límites diferenciados, sin embargo el bosque tropical lluvioso es el prototipo. Este ecosistema es conocido también como ***selva tropical o pluviselva*** y se distribuye en zonas de clima ecuatorial de América del Sur, África y sudeste de Asia de forma discontinua, debido a las diferencias de precipitaciones (Figura 11.20). El bosque tropical más extenso y con menor fragmentación es el situado en la cuenca del Amazonas. Se caracteriza por abundantes precipitaciones y temperaturas elevadas todo el año.

En España y Portugal, la situación geográfica de las Islas Canarias, Madeira y las Azores, ha propiciado que en determinadas zonas debido al clima suave y húmedo, se desarrolle una vegetación exuberante, compuesta por especies de árboles con hojas perennes y aspecto laurófilo, que ha recibido el nombre de ***laurisilva*** o bosque de laureles.

FIGURA 11.20. Bosque tropical.

Los bosques tropicales se estratifican en capas, a veces poco definidas: la superior formada por árboles de gran altura (entre 40-80 m) está poco diferenciada de una segunda capa de menor altura y juntas conforman una cúpula discontinua. La capa de hierbas altas y arbustos crecen a la sombra de los árboles más altos, desarrollando hojas alargadas para aumentar la transpiración y eliminar el exceso de agua. En la capa inferior se desarrollan plantas herbáceas y helechos. Debido a la escasa luz que recibe el suelo, el sotobosque es pobre y con una gran cantidad de plantas epifitas y trepadoras.

Los epifitos (musgos, líquenes, orquídeas, bromeliáceas, etc.) viven sobre las ramas y troncos de los árboles, que les sirven de soporte para su crecimiento foliar. Sus raíces no alcanzan el suelo, por ello absorben los nutrientes del agua procedente de las lluvias, del aire y materia orgánica cercana.

En el bosque tropical coexisten una gran cantidad de especies animales en los múltiples microhábitat formados. La fauna de estos bosques se encuentra estratificada de forma paralela a la vegetación. Los insectívoros, murciélagos y algunas aves proliferan en la capas superiores donde se alimentan de hojas y frutos. En la zona intermedia abundan mamíferos como las ardillas y en el suelo predominan herbívoros como el elefante y el tapir y carnívoros como tigres y leopardos.

La explotación masiva de los bosque debido a la demanda de madera ha conducido casi a la extinción de algunas especies como la caoba de África y Centroamérica (*Khaya* spp.) y el palisandro brasileño (*Dalbergia nigra*) y además presenta otros problemas, puesto que los árboles talados producen graves daños cuando caen sobre la vegetación.

11.6. ECOSISTEMAS DULCEACUÍCOLAS

Los ***lagos*** constituyen ecosistemas de diferentes tamaños y con concentraciones de sales variables como consecuencia de sus distintos orígenes, pero en general presentan ciertas características comunes. La distribución de los organismos está condicionado por tres factores: la luz, la temperatura y la cantidad de oxígeno disuelto en el agua.

En invierno el hielo y el agua fría ocupan la parte superior de los lagos, mientras que en el fondo, los organismos descomponedores transforman la materia orgánica liberándose nutrientes que se acumulan en las aguas profundas. Esa actividad produce una disminución de oxígeno disuelto en las aguas del fondo. En primavera como consecuencia del aumento de temperaturas, se calienta el agua de la superficie y se produce el ascenso de agua fría del fondo. El enriquecimiento en nutrientes del agua superficial y el incremento de temperaturas origina el desarrollo del fitoplancton y el descenso de agua más fría provoca que aumente el oxígeno disuelto en el fondo.

Al llegar el verano la capa de agua más caliente o ***epilimnion***, queda en la superficie por encima de otra capa fría situada en el fondo denominada ***hipolimnion***. Entre ambas se encuentra una zona de ***termoclina*** donde por cada metro de profundidad la temperatura desciende 1 °C. El agua superficial debido a la falta de nutrientes se mantiene clara y sin plancton, mientras que en el agua profunda disminuye la concentración de oxígeno y aumenta la de nutrientes debido a la descomposición de organismos muertos (ver Tema 9).

En las aguas someras cerca de las orillas del lago, donde la luz llega hasta el fondo, proliferan las plantas con raíces (carrizos, espadañas, etc.) a las que se asocian organismos como caracoles, protozoos e insectos, además de peces como el lucio y la perca, que están adaptados para moverse entre estas plantas acuáticas. El zooplancton y fitoplanton y el necton, formado por organismos nadadores como los peces, habitan también en la zona ***limnética fótica***. En la zona bentónica o profunda donde la concentración de oxígeno es baja, los organismos que predominan son las bacterias.

Los organismos que se desarrollan en los ***ríos y arroyos*** van cambiando desde el origen hasta el punto de desembocadura del río (Figura 11.21).

FIGURA 11. 21. En los ríos la velocidad de las aguas condiciona la distribución de los organismos.

En la cuencas altas el agua procedente de la nieve fundida es fría, de baja salinidad y con pocos nutrientes. A medida que desciende el agua se vuelve turbia y aumenta el contenido en sales y nutrientes, disminuyendo su velocidad. Estos cambios afectan a los organismos que pueblan los ríos, donde al principio predominan algas diatomeas y musgos acuáticos, invertebrados y peces como la trucha (*Salmo* spp.) que han desarrollado formas hidrodinámicas para ofrecer menos resistencia a la corriente. En los sedimentos se encuentran las bacterias, hongos e invertebrados que dependen de la materia orgánica que llega de la parte superior del río. En estas zonas el nivel de oxígeno es menor debido a la elevación de la temperatura, apareciendo otras especies de peces como la carpa (*Cyprinus* spp.).

Los ***estuarios*** son lugares donde los ríos o los arroyos se unen al océano mezclándose el agua dulce y salada. La salinidad de sus aguas puede variar verticalmente al presentar una capa de agua dulce en la superficie, y en el fondo una capa de agua salada. Aunque a veces la salinidad del agua del fondo y de la superficie es igual. Por otro lado las aguas más salinas son las situadas hacia el mar y las de menor concentración de sales, las de la desembocadura del río. Los organismos de los estuarios por tanto deben adaptarse a los cambios de salinidad mediante mecanismo de regulación osmótica.

La mayoría de los organismos de los estuarios son bentónicos y se fijan al fondo enterrándose en el fango o se introducen en las grietas. También se encuentran especies de peces como la lubina rayada que viven en los estuarios mientras están en un estadio juvenil y al convertirse en adultos pasan al océano. Las comunidades de ostras habitan en los estuarios donde pueden formar arrecifes a los que se asocian otros organismos como las esponjas.

En los márgenes de los estuarios se localizan las ***marismas*** y ***manglares***. Estos ecosistemas son ricos en nutrientes y de gran productividad, albergando una gran diversidad de especies animales y vegetales.

Los manglares son formaciones vegetales características de las regiones litorales de la zona tropical, integradas por especies halófitas sobre todo rizoforáceas. Las especies que habitan en los manglares tienen numerosas raíces aéreas o bien raíces con forma cónica llamadas neumatóforos que son ramificaciones verticales de las raíces subterráneas que emergen para evitar la asfixia en los suelos cenagosos y salinos (Figura 11.22). En las marismas han proliferado especies como la *Spartina alterniflora* que se ha adaptado a la alta salinidad y el exceso de agua.

FIGURA 11.22. Manglar.

11.7. ECOSISTEMAS OCEÁNICOS

Los ***océanos*** se diferencian de los ecosistemas de agua dulce en que son más extensos y profundos. Esto origina que el área que recibe luz solar es muy pequeña con respecto al volumen de agua y que la concentración de nutrientes sea baja.

Los océanos puede dividirse en dos zonas, la ***pelágica*** o masa total del agua y la zona ***bentónica*** o del fondo. Según la profundidad de los fondos marinos a partir de la costa, se distinguen varias zonas: la ***plataforma continental*** (0-200 m), el ***talud continental*** (200-2.000 m), la ***llanura abisal*** (2.000-6.000 m) y la ***zona hadal*** (superior a 6.000 m). La región pelágica comprende a su vez dos zonas: la ***nerítica*** formada por las aguas situadas sobre la plataforma continental y la ***zona oceánica*** que son las masas de agua que cubren el resto.

La región nerítica recibe gran cantidad de luz y sus aguas están en movimiento como consecuencia de las olas y las mareas. Es una zona con gran cantidad de nutrientes procedentes del litoral y una alta productividad. En la región oceánica las aguas solo se mueven por corrientes y la concentración de nutrientes es baja, distinguiéndose dos zonas, la ***eufótica***, que alcanza hasta 200 m de profundidad y está iluminada, y una capa inferior ***afótica*** u oscura. En esta última capa predominan las bacterias quimiosintéticas debido a la ausencia de luz.

En los ecosistemas oceánicos se distinguen en general, tres clases de sistemas ecológicos: el plancton, el bentos y el necton. Los organis-

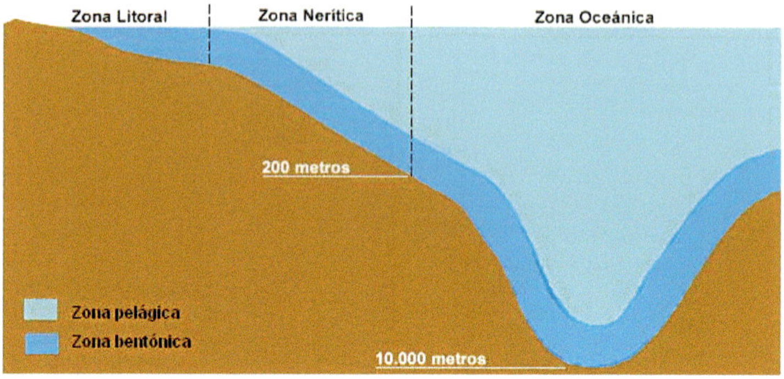

FIGURA 11.23. Regiones de los océanos.

mos que viven distribuidos por el agua, como el plancton y el necton, se les denomina ***organismos pelágicos***, y a los que se encuentran cercanos al fondo marino, ***organismos bentónicos***.

El ***plancton*** está formado por organismos macro y microscópicos que flotan en el agua y son arrastrados por las corrientes oceánicas. El plancton se divide en fitoplancton y zooplancton.

La composición del ***fitoplancton*** (autótrofo) varía según la zona y el océano, localizándose principalmente en las capas superiores del agua (***zona epipelágica***) ya que necesitan la energía solar para llevar a cabo la fotosíntesis. Los componentes principales son protoctistas: diatomeas (algas silíceas), dinoflagelados o peridíneas y cocolitofóridos, que constituyen la base para la nutrición de todos los animales marinos.

Las especies más abundantes en aguas cálidas son las dinoflageladas, responsables de la mareas rojas cuando se encuentran en concentraciones muy altas en la superficie de las aguas. Las diatomeas predominan en las aguas del Ártico. Los cocolitofóridos tienen un tamaño de décimas de micra y abundan en las capas profundas de los océanos cálidos y templados, y en las aguas superficiales de los océanos fríos.

El fitoplancton sirve de alimento al plancton animal o zooplancton herbívoro, que está formado por una mayor diversidad de organismos.

El ***zooplancton*** o plancton heterótrofo presenta gran cantidad de organismos que se clasifican en permanentes y temporales. Los permanentes son aquellos que pasan todos los estados de su ciclo biológico formando parte del plancton, mientras que los denominados plancton temporal únicamente se encuentran en algunas etapas de su vida (huevos, larvas, etc.). Dentro de los primeros se encuentran protozoos (foraminíferos, ciliados y radiolarios), copépodos y eufausiáceos como el krill que sirve de alimento a los cetáceos. El plancton temporal está formado por larvas de peces, anélidos, crustáceos, moluscos, etc.

El ***necton*** se alimenta de zooplancton y lo forman la mayoría de los peces, mamíferos marinos y aves que se desplazan de forma activa en el agua. Algunos organismos de la zona pelágica han desarrollado mecanismos de defensa y otros estrategias para capturar a sus presas. Por ejemplo, presentan formas aerodinámicas que les permiten escapar o perseguir a gran velocidad, pigmentaciones para camuflarse, etc.

El ***bentos*** se compone de organismos que viven fijos (bentos sésil) o se desplazan por el fondo marino. Dentro del bentos sésil se incluyen esponjas, celentéreos, algas, fanerógamas marinas, etc. Los organismos que componen el bentos móvil pueden ser escavadores (anélidos, lamelibranquios, equinodermos), reptadores (crustáceos, equinodermos) y nadadores (crustáceos, cefalópodos, etc.) (Figura 11.24).

FIGURA 11. 24. Equinodermos: erizos de mar (*Echinodermata echinoidea*).

EJERCICIOS DE AUTOCOMPROBACIÓN

1. ¿Qué tipo de relaciones pueden establecerse entre las variables de un sistema?
2. ¿Qué diferencias existen entre la tundra alpina y la tundra ártica?
3. ¿Cómo se adaptan las plantas de la sabana al ramoneo de los animales?
4. ¿Qué tipo de estratificación presentan los bosques tropicales?
5. ¿Cómo varía el desarrollo de organismos a lo largo de los ríos?
6. ¿Cuáles son los principales sistemas de vida que se diferencian en los océanos?

12

FIJACIÓN DE LA ENERGÍA. FLUJO DE ENERGÍA EN LOS ECOSISTEMAS

Fotosíntesis.

SUMARIO

OBJETIVOS

1. Analizar los conceptos de termodinámica que permiten comprender el flujo de energía a través de los ecosistemas.
2. Determinar la importancia del adenosín trifosfato (ATP) como fuente de energía en los procesos celulares.
3. Identificar las etapas de la fase lumínica de la fotosíntesis que permiten a los organismos captar y fijar la energía.
4. Caracterizar los principales factores que afectan a la fotosíntesis.
5. Evaluar el proceso de quimiosíntesis en la obtención de energía.

12.1. INTRODUCCIÓN

La energía solar es necesaria para la vida en la Tierra ya que establece un flujo energético que permite mantener los procesos vitales de la biosfera. La Tierra constituye un sistema donde con respecto a la energía, se producen pérdidas o salidas en forma de calor hacia el exterior. Al contrario que la materia que circula por los ecosistemas formando un ciclo cerrado, la energía pasa de unos niveles a otros mediante un flujo abierto unidireccional.

La fijación de la energía es realizada por los ***organismos autótrofos*** que tienen la capacidad de captar y transformar la energía solar en energía química mediante el proceso de fotosíntesis (***fotosintetizadores***), o bien obtenerla a partir de reacciones químicas exergónicas (***quimiosintetizadores***). Los productos resultantes de la fotosíntesis se acumulan como ***biomasa*** (B) que es la cantidad de materia orgánica formada en un proceso biológico que puede ser utilizada como fuente de energía directa o indirecta. Los ***organismos heterótrofos*** adquieren la energía de sustancias orgánicas, elaboradas por los seres autótrofos, por ello dependen para su existencia de los autótrofos. Estos últimos son los organismos más importantes desde el punto de vista de captación y fijación de la energía.

12.2. CONCEPTOS TERMODINÁMICOS

La ***termodinámica*** se encarga del estudio de las relaciones entre energía, trabajo y calor. El término ***energía*** proviene del griego y su significado es «capacidad de actuar». La energía de cualquier sistema se manifiesta por su capacidad de realizar un trabajo y liberar calor, existiendo diferentes formas de energía: cinética, potencial, mecánica, térmica, química, etc.

La ***energía cinética*** es la energía que posee un objeto debido a su movimiento y depende de la masa (m) y la velocidad del objeto (v) según la siguiente ecuación:

$$\text{Energía cinética} = 1/2 \text{ m v}^2$$

La ***energía potencial*** es la energía que se asocia a un objeto debido a su posición (determinada altura) e interacciones (atracción o repulsión). Un sistema posee energía potencial debido a las posiciones relativas de sus componentes y la cantidad de energía es igual al trabajo realizado sobre el sistema para que los componentes mantengan sus posiciones. La energía potencial se puede transformar en otras formas de energía.

$$\text{Energía potencial} = \text{m g h}$$

m = masa

g = 9,8066 m/s^2 (aceleración de la gravedad)

h = altura

La fijación y el flujo de la energía en los ecosistemas están determinados por las ***leyes de la termodinámica***.

De acuerdo con el ***principio de conservación de la energía***, la energía no se crea ni se destruye sólo se transforma, por lo que la cantidad de energía total del universo se mantiene constante. Aunque la energía total de un sistema siempre se conserva, puede transferirse a otro sistema o convertirse en otra forma de energía.

¿Qué tipo de energía tiene un sistema? La suma de las energías cinética y potencial de los componentes de un sistema debido a los movimientos e interacciones constituyen la ***energía interna*** del sistema y se representa por ***U***. Un sistema sólo tiene energía interna, mientras que el calor y el trabajo son manifestaciones del intercambio de energía entre el sistema y los alrededores que únicamente existen durante un cambio del sistema. La variación de energía interna, ΔU, en cualquier proceso en el que se intercambia ***calor (q)*** y ***trabajo (W),*** es igual a la suma del calor ganado por el sistema más el trabajo realizado sobre el sistema:

$$\Delta U = q + W$$

Esta ecuación constituye la ***primera ley de la termodinámica***, que es una expresión del principio de conservación de la energía.

La ***segunda ley de la termodinámica*** predice la dirección de los procesos donde se producen cambios de energía. Esta ley se enuncia:

«Todos los procesos espontáneos producen un aumento de la entropía del Universo».

La medida del grado de desorden se denomina ***entropía***, ***S***. El Universo es un sistema aislado donde no hay entrada ni salida de materia y energía. Sin embargo, la Tierra es un sistema que recibe energía del Sol (3×10^{23} cal/año). Los sistemas tienden a aumentar su entropía, es decir su grado de desorden, a no ser que reciban energía que les permita mantener el orden.

Los ecosistemas son sistemas que se mantienen ordenados con el paso del tiempo porque están constantemente recibiendo energía del exterior. Por ejemplo una pecera es un sistema abierto en el que entra y sale materia y energía. La pecera recibe luz solar, oxígeno y alimento del exterior (entradas), mientras que pierde calor, dióxido de carbono por difusión y los residuos, que son eliminados. En cada proceso de intercambio se pierde energía, pero el sistema se mantiene en orden por el aporte de energía externa. Si se colocase la pecera en un recipiente hermético donde no se recibieran entradas de materia y energía, se transformaría en un sistema que funcionaría durante un tiempo pero terminaría degradándose. El orden no se mantiene y se alcanza un máximo desorden de átomos y moléculas con movimientos aleatorios (descomposición de los organismos).

12.3. PAPEL ENERGÉTICO DEL ATP EN LOS SERES VIVOS

Todos los procesos vitales de los organismos requieren energía química que se encuentra en forma de ***adenosín trifosfato*** (**ATP**). El ATP es la molécula que interviene en los procesos energéticos que tienen lugar en las células. Su función es suministrar energía que puede usarse en el transporte activo de moléculas a través de las membranas, en acciones mecánicas como contracción de los músculos y en síntesis de moléculas biológicas.

El ATP es conocido como la «moneda de energía» en los seres vivos ya que puede ser transportado a cualquier parte de la célula donde se necesite energía y cederla fácilmente debido a su estructura química.

La molécula de ATP es un nucleótido formado por una base nitrogenada (adenina), un glúcido (ribosa) y tres grupos fosfatos. Los enlaces de los fosfatos se denominan «de alta energía» y son enlaces covalentes que se rompen con relativa facilidad liberando energía que se utiliza en reacciones de las células, constituyendo la clave de la función del ATP (Figura 12.1).

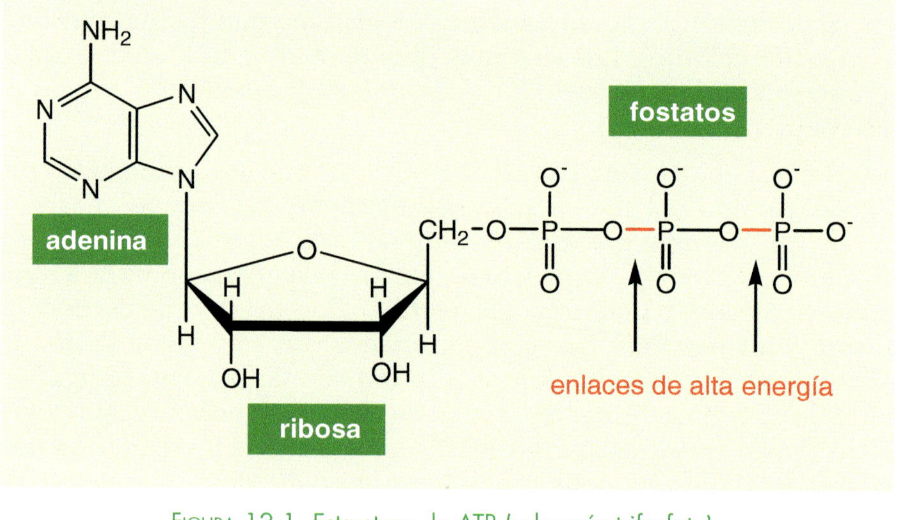

FIGURA 12.1. Estructura de ATP (adenosín trifosfato).

Cuando en las reacciones de biosíntesis se necesita energía se produce la ruptura de un enlace y el ATP se transforma en ADP (adenosín difosfato) liberándose energía y un grupo fosfato que puede transferirse a otra molécula mediante un proceso denominado ***fosforilación***. La reacción de hidrólisis del ATP es catalizada por las enzimas ATPasas y se desprenden 7,3 kcal/mol.

$$ATP + H_2O \rightleftharpoons ADP + P_i + 7{,}3 \text{ kcal/mol}$$

El ADP puede transformase de nuevo en ATP, adicionando un grupo fosfato, para lo que se requieren 7,3 kcal/mol.

El sistema ATP/ADP sirve como moneda de intercambio de energía en las reacciones de biosíntesis endergónicas que necesitan energía para producirse. Las células consiguen esta energía mediante el acoplamiento de una reacción exergónica (desprende energía) con una reacción endergónica (consume energía). El ATP es el intermedio que aporta la energía en estas reacciones acopladas (Figura 12.2).

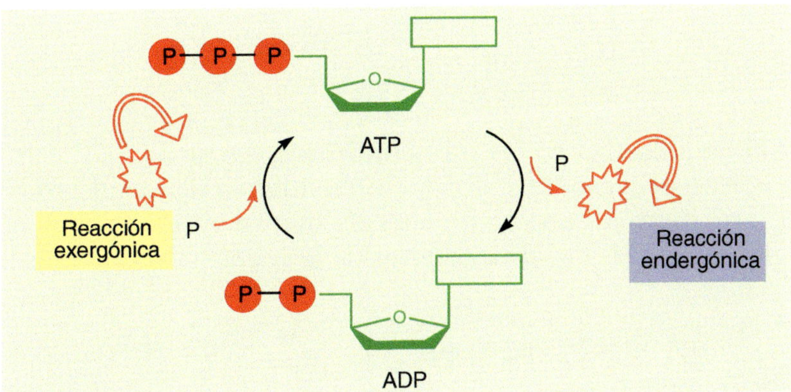

FIGURA 12.2. Acoplamiento entre reacciones endergónicas y exergónicas mediante el ATP.

La energía producida a partir del ATP también puede utilizase para otras actividades como, por ejemplo, las aves y mamíferos que mantienen constante su temperatura corporal por la producción de calor mediante la hidrólisis del ATP. Otros organismos como la especie vegetal *Symplocarpus foetidus* utiliza la energía liberada en forma de calor para fundir el hielo que la rodea y mantener la temperatura del aire de forma que también se volatilizan sustancias olorosas que atraen a los insectos polinizadores (Figura 12.3).

La hidrólisis del ATP puede proporcionar aproximadamente el doble de energía que en el caso anterior, si se produce la ruptura de dos enlaces de alta energía y se forma el adenosín monofosfato (AMP) más dos moléculas de fosfato inorgánico, sin embargo en la mayoría de las reacciones celulares sólo se hidroliza el primer grupo fosfato.

FIGURA 12.3. *Symplocarpus foetidus.*

$$ATP + H_2O \longrightarrow AMP + 2\ P_i$$

El ATP se sintetiza en las mitocondrias a partir de ADP y un grupo fosfato por un proceso de fosforilación oxidativa ligado al catabolismo celular, y requiere un aporte de energía que se obtiene de las moléculas de glucosa ($C_6H_{12}O_6$) procedentes de la ingesta de alimentos.

$$ADP + P_i + \text{Energía} \longrightarrow ATP + H_2O$$

La glucosa es oxidada por el oxígeno procedente de la respiración pulmonar para formar agua y dióxido de carbono. En la oxidación se liberan pequeñas cantidades de energía que son utilizadas para la síntesis de ATP. Aproximadamente el 40% de la energía desprendida en la oxidación de la glucosa se utiliza para transformar el ADP en ATP.

$$C_6H_{12}O_6 + 6\ O_2 \longrightarrow 6\ CO_2 + 6\ H_2O + 686\ \text{kcal/mol}$$

La obtención de energía (ATP) a partir de glucosa se realiza en los procesos de glucólisis y respiración celular. La ***glucólisis*** o rotura de la glucosa tienen lugar en el citosol y en resumen, consiste en la descomposición de una molécula de glucosa en dos moléculas de ácido pirúvico con la formación de dos moléculas de ATP (a partir de ADP y fosfato) y dos de NADH (dinucleótido de nicotinamida y adenina).

La transformación de una molécula de glucosa en dos de ácido pirúvico presenta el siguiente balance global:

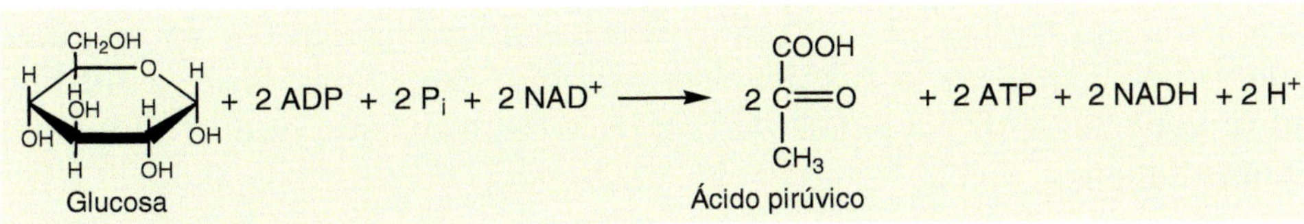

P_i = Fosfato inorgánico.

NADH = Nicotinamida adenín dinucleótido.

El ácido pirúvico que procede de la glucólisis, en presencia de oxígeno (condiciones aeróbicas) se convierte en dióxido de carbono y agua. Este proceso denominado respiración celular se desarrolla en dos etapas sucesivas: el ciclo de Krebs y la cadena respiratoria, que está asociada a la fosforilación oxidativa. En el ***ciclo de Krebs*** se sintetiza más ATP y se liberan electrones y protones. Los aceptores de electrones transfieren la carga a la cadena transportadora de electrones, donde se realiza la etapa final o ***transporte terminal de electrones*** (Figura 12.4). Al final de la cadena los electrones y protones se unen con el oxígeno para formar agua.

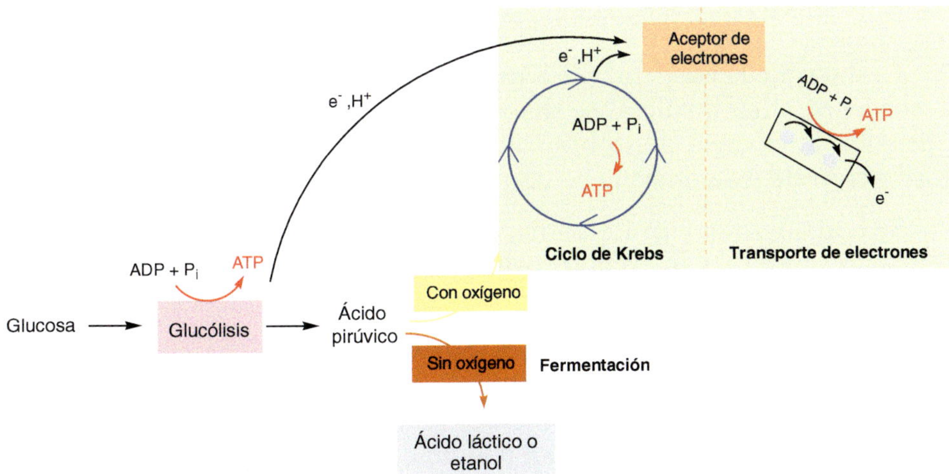

FIGURA 12.4. Etapas de la oxidación de la glucosa.

El ácido pirúvico en condiciones anaeróbicas o ausencia de oxígeno se convierte en ácido láctico o etanol u otras moléculas orgánicas sencillas. Este proceso se denomina de forma general ***fermentación*** y puede ser de dos tipos: ***fermentación láctica*** y ***fermentación alcohólica***, según que el producto final obtenido por la degradación de la glucosa sea ácido láctico o etanol. En las fermentaciones se produce menos ATP que en la respiración aerobia, pero son imprescindibles para generar NAD^+, a partir de NADH y H^+, para que pueda continuar la glucólisis.

Fermentación láctica (bacterias y fibra muscular estriada de los vertebrados):

$$C_6H_{12}O_6 + 2\ ADP + 2\ P_i \longrightarrow \underset{\text{Ácido láctico}}{2\ H_3C\text{–}CHOH\text{–}COOH} + 2\ ATP$$

Fermentación alcohólica (células vegetales, hongos y bacterias):

$$C_6H_{12}O_6 + 2\ ADP + 2\ P_i \longrightarrow \underset{\text{Etanol}}{2\ H_3C\text{—}CH_2OH} + 2\ CO_2 + 2\ ATP$$

12.4. FIJACIÓN DE LA ENERGÍA: FOTOSÍNTESIS

La energía es esencial para mantener la vida ya que todos los procesos se producen sólo si se dispone de energía suficiente. La plantas obtienen la energía de la luz solar y el proceso de captación y transformación de esta energía se denomina ***fotosíntesis*** (Tema 4).

Se considera que prácticamente la energía que fluye por los ecosistemas tiene su origen en la fotosíntesis puesto que los animales o consumidores dependen a su vez de la plantas o productores.

La fotosíntesis es un proceso que se desarrolla en dos etapas: la ***fase lumínica*** que depende de la luz para la obtención de moléculas de ATP (energía química), y NADPH que se utilizarán en una segunda etapa, denominada ***fase oscura*** (Ciclo de Calvin-Benson) que es independiente de la luz (Tema 4), y en la que los elementos (C, N, H y O) se convierten en materia orgánica (Figura 12.5). De esta forma la energía solar se almacena en forma de materia orgánica (biomasa) que junto con el oxígeno liberado, sirven para el mantenimiento del resto de los seres vivos del ecosistema.

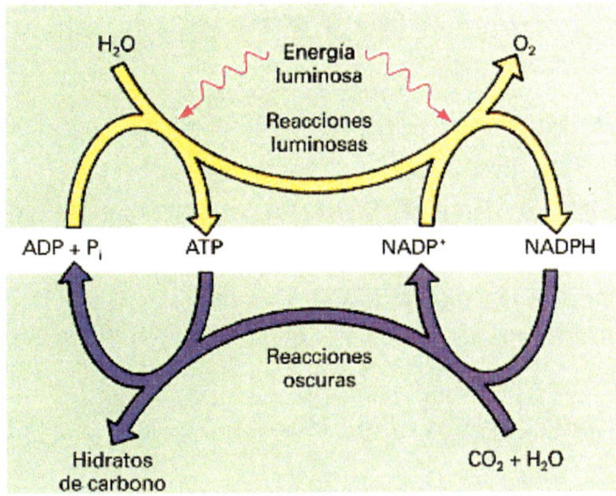

FIGURA 12.5. Etapas generales de la fotosíntesis.

La fase oscura se realiza de forma similar en todos los organismos fotosintéticos mientras que la fase luminosa o lumínica difiere según los compuestos que se utilizan como dadores y aceptores de electrones. Por ello los procesos fotosintéticos se dividen en dos tipos: la fotosíntesis oxigénica y la fotosíntesis anoxigénica.

La ***fotosíntesis oxigénica*** la realizan plantas, algas y cianobacterias, actuando como dador de electrones el agua, como aceptor el $NADP^+$ y desprendiéndose oxígeno. La ***fotosíntesis anoxigénica*** la llevan a cabo bacterias que utilizan dadores de electrones diferentes del agua (H_2S o materia orgánica) y por tanto, no se forma oxígeno y el aceptor de electrones es el NAD^+. En ambos procesos se requiere la presencia de pigmentos en los tejidos de los organismos, que absorban energía solar de longitud de onda determinada para iniciar la fotosíntesis.

12.4.1. Pigmentos fotosintéticos

En los organismos eucariotas (plantas y algas verdes) el proceso fotosintético tienen lugar en los ***cloroplastos***, mientras que los procariotas fotosintéticos (cianobacterias, bacterias verdes y bacterias purpúreas) presentan unas formaciones corpusculares especiales o vesículas fotosintetizadoras que contienen los pigmentos fotosintéticos encargados de realizar la fase lumínica.

Dentro de los pigmentos fotosintéticos que absorben la luz y la transfieren, se distinguen los ***pigmentos primarios*** formados por las clorofilas y los ***pigmentos secundarios*** donde se incluyen los carotenoides y las ficobilinas.

Las ***clorofilas*** son los pigmentos de mayor importancia en la absorción de luz. Tienen color verde y su estructura es una porfirina que presenta cuatro anillos de pirrol coordinados mediante los átomos de nitrógeno a un átomo central de Mg y una cadena de fitol (Figura 12.6). Los anillos pueden presentar distintos sustituyentes dando lugar a los diferentes tipos de clorofila (*a, b, c, d* y *bacterioclorofila*). En las plantas y algas verdes predomina la clorofila *a* y *b* y en cianobacterias existe sólo la clorofila *a*.

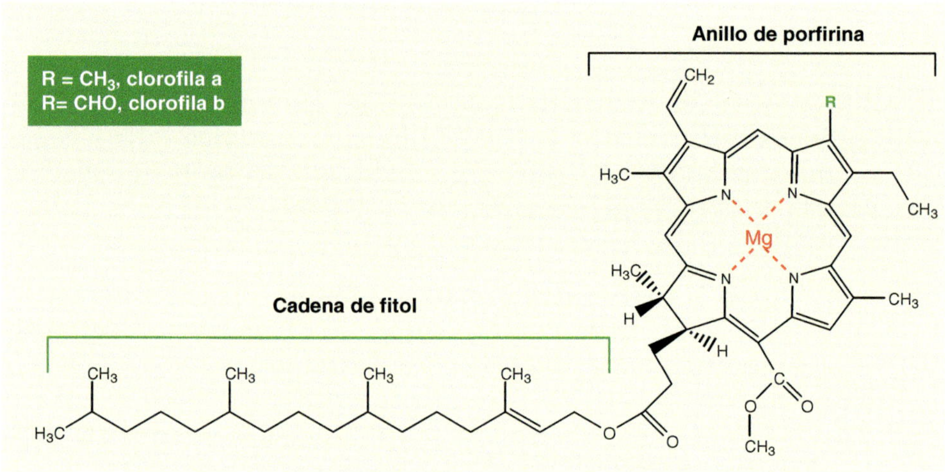

FIGURA 12.6. Estructura de la clorofila.

Entre los pigmentos secundarios destacan los ***carotenos*** (β-caroteno y α-caroteno), de color rojo, y las ***xantofilas***, que son amarillas y actúan como receptores de luz suplementarios absorbiendo luz de longitudes de onda distintas a la clorofila.

La clorofila *a* absorbe las longitudes de onda largas correspondientes a los colores que van de violeta al rojo (no absorbe el verde), mientras que los carotenoides y la clorofila *b* absorben longitudes de onda distintas (Figura 12.7).

La diferencia de absorción a diferentes longitudes de onda de los pigmentos fotosintéticos es determinante. Por ejemplo en los océanos donde las longitudes de onda más cortas no penetran a más de 5

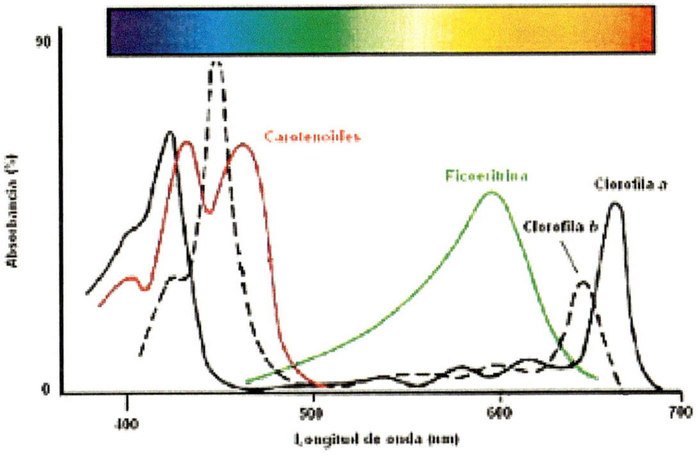

FIGURA 12.7. Espectro de absorción de diferentes pigmentos.

metros de la superficie del agua de mar, las algas fotosintéticas que no habitan en las capas superiores del agua tienen que obtener la energía de las ondas de longitud larga que penetran a mayor profundidad.

12.4.2. Fotosíntesis oxigénica

La siguiente ecuación expresa la fase lumínica de la fotosíntesis oxigénica:

$$H_2O + ADP + P_i + NADP^+ \xrightarrow{h\nu} O_2 + ATP + NADPH + H^+$$

NADPH = nicotinaminadenín dinucleótido fosfato.

En esta fase lumínica ocurren diversos procesos que se pueden resumir en:

- — Descomposición del agua o fotólisis.
- — Flujo o transporte de electrones: ***esquema Z*** (Figura 12.8).
- — Síntesis del ATP o ***fotofosforilación*** que puede ser ***acíclica*** o ***cíclica*** (Figura 12.9).
- — Síntesis de NADPH.

En la fotolisis del agua es necesaria la energía de ocho fotones (hν) para obtener una molécula de oxígeno (O_2) y 4 e^-, existiendo dos centros captadores de fotones.

$$2\,H_2O \xrightarrow{h\upsilon} O_2 + 4\,H^+ + 4\,e^-$$

Los pigmentos fotosintéticos de los organismos que realizan la fotosíntesis oxigénica, se unen en el tilacoide de los cloroplastos formando los denominados ***fotosistemas***. Cada fotosistema está compuesto por aproximadamente 200 moléculas de clorofila y 50 moléculas de carotenoides. La mayoría de estos pigmentos fotosintéticos se encarga de captar la luz por lo que se denominan ***moléculas antena***, que la transfieren a otras moléculas hasta alcanzar el ***centro de reacción*** del fotosistema, que es una forma especial de clorofila *a*, denominada también ***clorofila diana***.

En las plantas verdes y algas los dos tipos de fotosistemas requieren un dador y un aceptor de electrones:

— ***Fotosistema I*** (***FS I***) que se asocia a una molécula de clorofila *a* (centro de reacción) que absorbe la luz con longitud de onda larga (700 nm) y se conoce como **P700**. El aceptor primario de electrones del *FS I* es una molécula que se denomina **aceptor X** o ***ferredoxina*** y el dador primario de electrones la ***plastocianina (PC)***.

— ***Fotosistema II*** (***FS II***) compuesto por una molécula de clorofila *a*, denominada **P680** porque presenta un máximo de absorción de luz a esa longitud de onda. El dador primario de electrones se conoce como ***dador Z***, que capta los electrones procedente de la fotólisis del agua y el aceptor es la ***feofitina***.

Estos dos fotosistemas están conectados mediante una cadena de transporte de electrones. La fotofosforilación u obtención de ATP puede realizarse por la acción conjunta de los dos fotosistemas o sólo mediante el fotosistema I.

Fotofosforilación acíclica

En la ***fotofosforilación acíclica*** actúan los dos fotosistemas y se obtiene ATP y se reduce el $NADP^+$ a NADPH. La energía solar incide sobre el *FS II* (pigmentos antena) y se transfiere desde el complejo antena hasta el centro de reacción de la molécula P680 de clorofila *a*, donde provoca la pérdida de un electrón del P680 que es captado por la feofitina y lo pasa a la plastoquinona (Figura 12.8). El P680* en estado excitado es inestable y se comporta como un oxidante produciendo la reacción de oxidación del agua (fotólisis de agua) en la que se forma oxígeno y se liberan electrones que reaccionan con la P680 (reacción de reducción).

Los electrones pasan desde el aceptor primario (feofitina) a la ***cadena de transporte electrónico*** (plastoquinona (PQ) → citocromo b_6-f → plastocianina (PC)) y llegan hasta la molécula de clorofila P700 del fotosistema I.

El *FS I* recibe energía solar que conduce a la pérdida de electrones de la molécula P700 hacia un aceptor primario, ferredoxina (Fd) y de ahí a otra cadena de transportadores de electrones. Al final la molécula de $NADP^+$ acepta un protón y dos electrones y se reduce a NADPH.

En el transporte de electrones del *FS II* al *FS I* se genera un gradiente electroquímico, debido a la acumulación de H^+ en el interior del tilacoide (pH = 5) que tienden a salir hacia el estroma (pH = 8), provocando la activación de la ATP-asa que genera energía para la síntesis del ATP (***hipótesis quimiosmótica de Mitchell***).

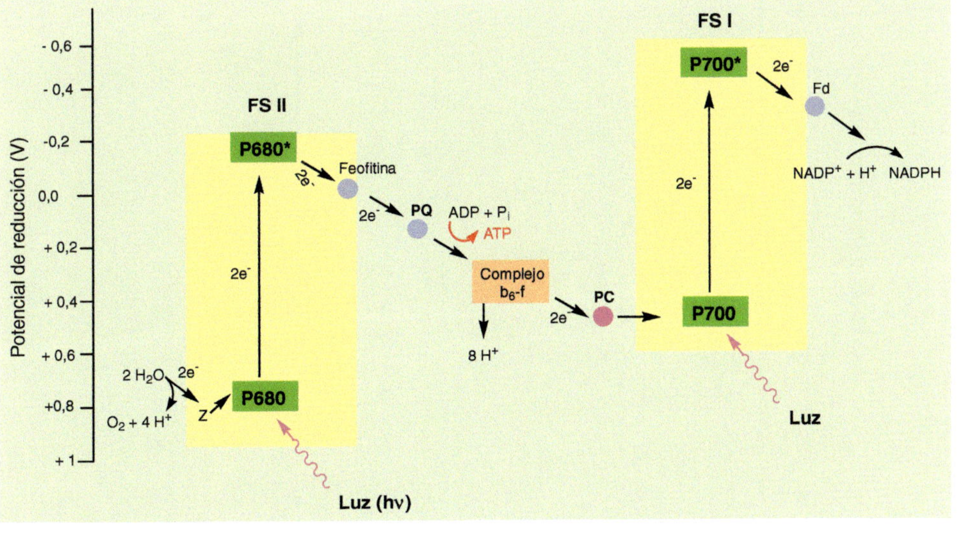

FIGURA 12.8. Esquema Z de la fase lumínica con fotofosforilación acíclica.

En resumen en el cloroplasto se ha obtenido energía química, en forma de ATP, y poder reductor, necesarios para la segunda fase de la fotosíntesis.

Fotofosforilación cíclica

En la fase oscura para la reducción de una molécula de CO_2 se requieren más ATP que NADPH (dos moléculas de NADPH y tres moléculas de ATP). Por tanto, en la fase lumínica se necesita otra vía de síntesis de ATP, además del formado en la fotofosforilación acíclica, que se consigue mediante el transporte cíclico de electrones o fotofosforilación cíclica (Figura 12.9), donde actúa únicamente el fotosistema I, sólo se produce ATP y no se libera oxígeno.

La ***fotosfosforilación cíclica*** se inicia con la excitación de la clorofila P700 del fotosistema I por la luz. Los electrones siguen un proceso cíclico pasando primero a la ferredoxina y de ahí al sistema de transporte electrónico, para volver a la clorofila *a* del fotosistema I. El flujo de electrones por la cadena de transporte produce el bombeo de protones (H^+) a través de la membrana tilacoidal y un gradiente que

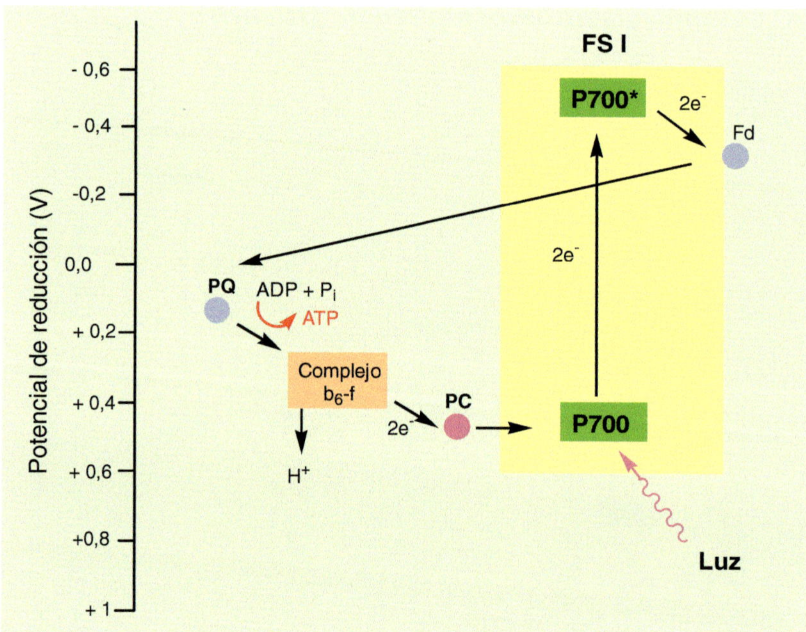

FIGURA 12.9. Esquema de la fotofosforilación cíclica.

provoca la síntesis continua de ATP para lo que se requiere sólo luz, ADP y Pi, no siendo necesaria la fotólisis del agua.

12.4.3. Fotosíntesis anoxigénica

La ***fotosíntesis anoxigénica*** o ***bacteriana*** se caracteriza porque el dador de electrones no es el agua, y por tanto no se desprende oxígeno. En estas bacterias fotosintéticas sólo existe el fotosistema FS I que se encuentra en la membrana plasmática en las bacterias purpúreas y en unos orgánulos especiales en las bacterias verdes. Los pigmentos fotosintéticos son las denominados ***bacterioclorofilas*** y los ***carotenoides***.

Este tipo de fotosíntesis es realizada por:

— Las ***sulfobacterias purpúreas*** que utilizan sulfuro de hidrógeno, H_2S, como dador de electrones formándose azufre que acumulan en su interior.

$$\mathrm{H_2S} \longrightarrow \mathrm{S} + 2\,\mathrm{H^+} + 2\,\mathrm{e^-} \xrightarrow{\mathrm{NAD^+} \;\rightarrow\; \mathrm{NADH + H^+}} \mathrm{S}$$

— Las ***sulfobacterias verdes*** también usan H_2S pero el azufre que se produce no lo almacenan.

— Las **bacterias no sulfurosas** que aprovechan materia orgánica como dadora de electrones. Entre los compuestos usados está el ácido láctico.

$$\underset{\text{ácido láctico}}{\mathrm{H_3C{-}CHOH{-}COOH}} \xrightarrow{\mathrm{NAD^+} \;\rightarrow\; \mathrm{NADH + H^+}} \underset{\text{ácido pirúvico}}{\mathrm{H_3C{-}CO{-}COOH}}$$

En la fotosíntesis anoxigénica existe también una fase lumínica (Figura 12.10) y una fase oscura. Al igual que en la fotosíntesis oxigénica, en la fase lumínica hay un transporte de electrones cíclico donde

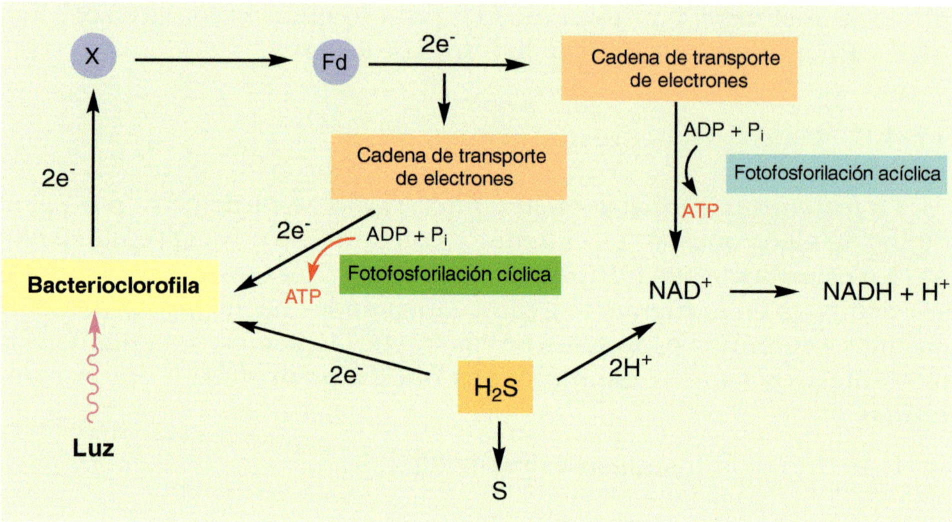

FIGURA 12.10. Fase lumínica de la fotosíntesis anoxigénica.

sólo se obtiene ATP, y un transporte acíclico donde se reduce el NAD^+ a NADH y se produce ATP, ambos se utilizarán en la fase oscura para reducir el CO_2 a materia orgánica.

12.5. FACTORES QUE INFLUYEN EN LA FOTOSÍNTESIS

La fotosíntesis al ser un proceso complejo que transcurre en varias etapas, se ve influenciado por diversos factores ambientales y endógenos (propios de la planta).

Entre los factores ambientales que determinan el rendimiento de la fotosíntesis están la intensidad de la luz, el tiempo de iluminación, la temperatura, la concentración atmosférica de dióxido de carbono, la concentración de oxígeno y la disponibilidad de agua y nutrientes. Se debe tener en cuenta que pueden existir interacciones entre los distintos factores.

— ***Iluminación:*** En la figura 12.11 se representan los valores del rendimiento fotosintético frente a la iluminación, considerando que el resto de factores es constante. Existe un valor I_0 denominado punto de compensación lumínica, que corresponde a la cantidad de luz a la cual la fotosíntesis tendría un valor de cero. Si se compara el comportamiento de una planta adaptada a la iluminación media con el de una planta umbrófila o adaptada a la iluminación escasa se observa que presentan curvas similares, aunque la umbrófila tienen un I_0 menor y una meseta mas baja. Las umbrófilas son más eficientes que las heliófilas cuando la intensidad de luz es baja, pero a mayor cantidad de luz la relación se invierte.

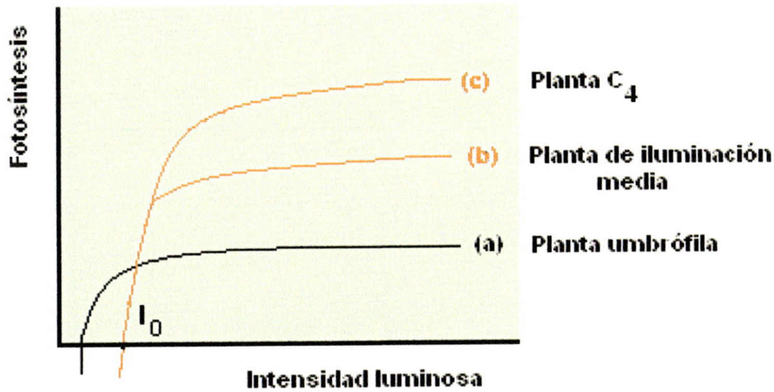

FIGURA 12.11. Respuesta fotosintética de diferentes tipos de plantas frente a la iluminación.

— ***Temperatura:*** El proceso de fotosíntesis al igual que en el resto de reacciones químicas está afectado por la temperatura, de forma que el aumento de ésta produce un incremento de la velocidad de reacción (al aumentar 10 °C la temperatura, la velocidad se duplica). Sin embargo un incremento excesivo de la temperatura produce la desnaturalización de las enzimas encargadas de catalizar el proceso y se produce un descenso en el rendimiento fotosintético (Figura 12.12).

— ***Concentración de dióxido de carbono (CO_2):*** El aumento de la concentración de CO_2 en el medio produce un incremento del rendimiento de la fotosíntesis cuando el resto de factores permanece constante, hasta alcanzar un valor máximo por encima del cual se estabiliza y no aumenta el rendimiento fotosintético (Figura 12.13).

— ***Concentración de oxígeno (O_2):*** Un aumento de la concentración de O_2 en el medio produce la inhibición de la fotosíntesis, puesto que el oxígeno actúa sobre la enzima que incorpora el CO_2 a la ribulosa-1-5-difosfato (RuBP) (Figura 12.14).

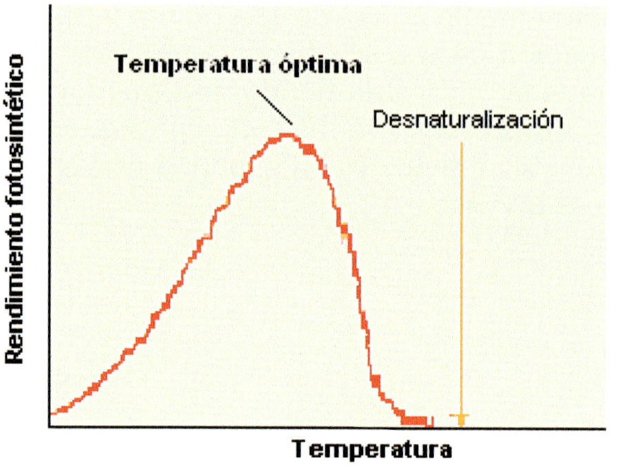

FIGURA 12.12. Efecto de la temperatura sobre el rendimiento de la fotosíntesis.

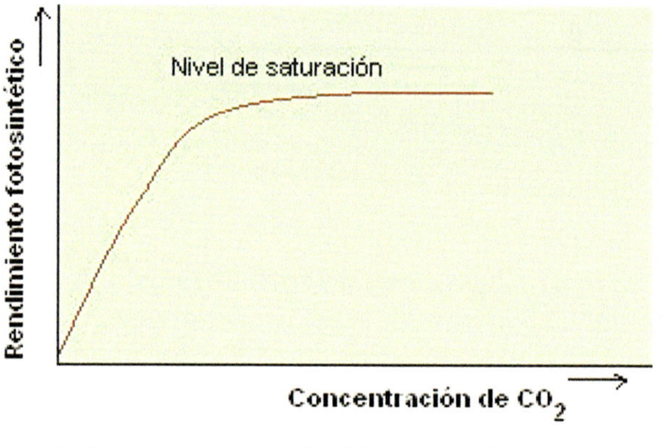

FIGURA 12.13. Efecto de la concentración de CO_2 sobre el rendimiento de la fotosíntesis.

Cuando la concentración de O_2 es alta la enzima ribulosa-1-5-difosfato carboxilasa/oxidasa (rubisco) funciona como oxidasa y en lugar de ayudar a la fijación de CO_2 cataliza la reacción entre la RuBP y el O_2, lo que constituye el primer paso del proceso de ***fotorrespiración***, donde se produce la oxidación de los glúcidos en presencia de luz. En este proceso la energía se pierde y no se produce ATP ni NADPH disminuyendo el rendimiento de la fotosíntesis porque sólo se obtiene una molécula de ácido 3-fosfoglicérico que pasará al ciclo de Calvin. La fotorrespiración puede reducir en un 50% la capacidad fotosintética de una planta.

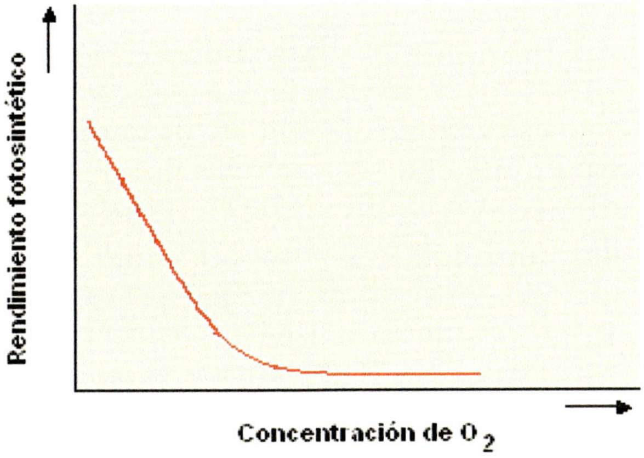

FIGURA 12.14. Efecto de la concentración de O_2 sobre el rendimiento de la fotosíntesis.

La abundancia relativa de CO_2 y de O_2 en el cloroplasto, y el resultado de la competencia entre estos gases por la enzima rubisco, son los factores determinantes para que la RuBP siga la vía de la fotosíntesis o la fotorrespiración.

Uno de los principales factores internos o endógenos que afectan a la fotosíntesis es el tipo de especie vegetal, C3, C4 o CAM (metabolismo ácido de las crasuláceas) (ver Tema 4), además de otros como la densidad de los estomas, el área foliar, etc. La escasez de agua influye de modo indirecto disminuyendo el rendimiento. Así, la falta de agua en el suelo provoca plasmolisis de las células, pero también influye la falta de vapor de agua en el aire, ya que se cierran los estomas para evitar pérdidas y se produce fotorrespiración debido a la disminución de la concentración de CO_2 y el aumento de la de O_2. Con los estomas cerrados, la planta iluminada solo puede asimilar el CO_2 interno liberado en su respiración.

12.6. EFICIENCIA DE LA FOTOSÍNTESIS

La incidencia máxima de energía solar sobre la superficie terrestre en zonas templadas durante el verano puede alcanzar las 7.000 kcal/m^2 día. Este valor podría considerase como el limite superior de entrada de energía en los ecosistemas. Sin embargo gran parte de la energía solar que incide en la Tierra se encuentra en la región ultravioleta e infrarrojo del espectro (ver Tema 3) y por tanto no es efectiva para la fotosíntesis. Aproximadamente sólo el 45% de la energía radiante está en la región visible del espectro (400-700 nm), que es la que puede ser absorbida por los pigmentos fotosintéticos. Las radiaciones del infrarrojo son absorbidas en parte por el agua del vegetal y el resto son reflejadas, evitando el aumento de temperatura que puede ser perjudicial para la planta. Para aprovechar eficazmente la radiación solar son necesarios unos 30 mg de clorofila/m^2.

Los organismos fotosintéticos absorben como máximo el 70% de las radiaciones solares, el resto es reflejado. El máximo teórico de energía solar que puede transformase en materia orgánica es del 9%. Sin embargo los valores reales de eficiencia fotosintética son menores. Los organismos utilizan aproximadamente un 1% de ese 70% para formar materia, el resto se emplea en la producción de calor, la transpiración y en las reacciones químicas de la respiración.

En el análisis de datos de diferentes tipos de bosques (coníferas, caducifolios) y de desiertos (Figura 12.15), los ecosistemas de coníferas alcanzaron los valores de eficiencia fotosintética más altos (1-3%), mientras que los bosques caducifolios que recibían una radiación fotosintéticamente activa similar únicamente alcanzaron tasas de eficiencia de 0,5 al 1%. Los desiertos a pesar de presentar las mayores cantidades de radiación incidente alcanzan los valores más bajos de eficiencia (0,01- 0,2%). Los valores máximos de eficiencia alcanzados están entre 3 y 9%, para plantas cultivadas en condiciones ideales y en periodos de tiempo cortos.

La eficiencia de la fotosíntesis está determinada no sólo por la radiación incidente, sino que puede afectarse por otros factores como la disponibilidad de agua, la temperatura, la fotorrespiración, etc. Por

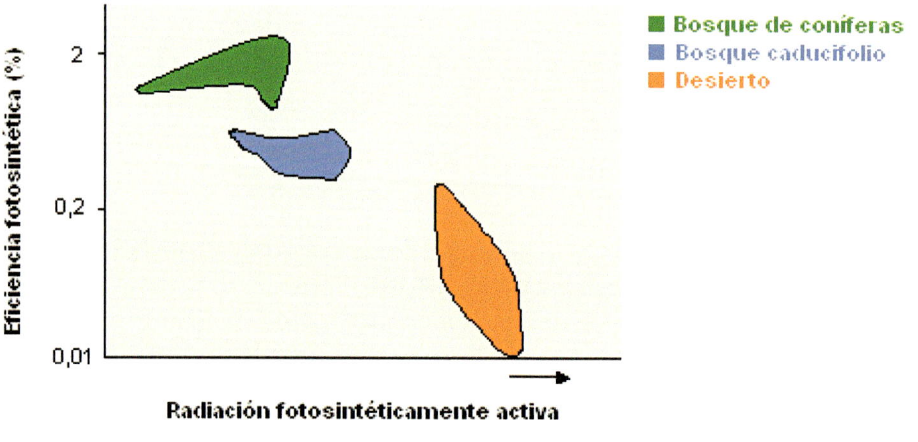

FIGURA 12.15. Eficiencia fotosintética en diferentes ecosistemas.

ejemplo si las plantas crecen muy juntan y el aire está en calma, el intercambio de gases entre las hojas y el aire que las rodea puede ser muy reducido, e incluso la concentración de CO_2 puede ser demasiado baja para realizar la fotosíntesis. En el caso de las plantas C3 el ritmo de la fotorrespiración es elevado lo cual es perjudicial para este tipo de plantas, mientras que las C4 realizan muy poca o ninguna fotorrespiración por lo que son mas eficientes ya que realizan la fotosíntesis a concentraciones más bajas de CO_2 y más elevadas de oxígeno.

12.7. QUIMIOSÍNTESIS

La ***quimiosíntesis*** es un proceso por el cual se obtiene energía (ATP) a partir de las reacciones de oxidación de determinados compuestos inorgánicos. Las bacterias son los únicos organismos capaces de realizar estos procesos y se han denominado ***bacterias quimiolitótrofas*** a las encargadas de transformar materia inorgánica en orgánica. Esta capacidad de utilizar diferentes sustratos les permite habitar en lugares inhóspitos donde además favorecen la presencia y el desarrollo de otros organismos. Aunque estas bacterias tienen un escaso aporte energético en la superficie terrestre son de gran importancia para la biocenosis de los fondos de los océanos.

En la quimiosíntesis se distinguen dos fases: en una primera se obtiene ATP y NADH debido a la oxidación de compuestos inorgánicos y en una segunda etapa, similar a la fase oscura de la fotosíntesis, en la que se sintetizan materia orgánica a partir de compuestos inorgánicos (CO_2, NO_3^-, SO_4^{2-}, etc.), usando el ATP y el NADH (Figura 12.16).

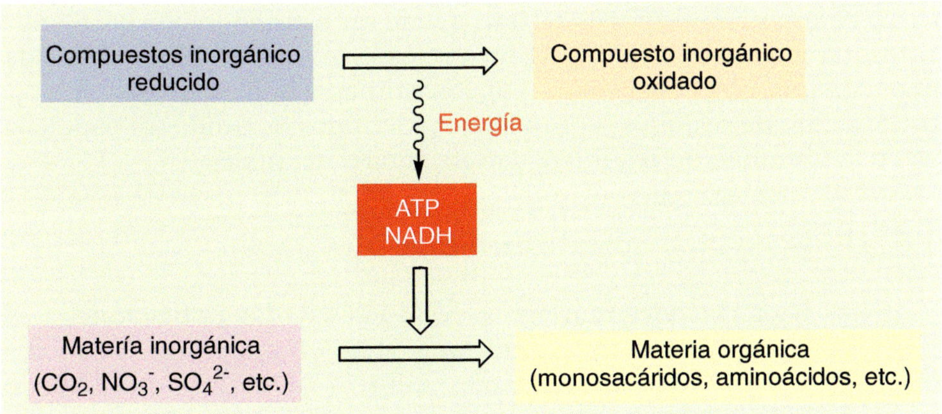

FIGURA 12.16. Quimiosíntesis.

Los compuestos inorgánicos utilizados para la quimiosíntesis proceden en gran parte de la descomposición de materia orgánica realizada por los hongos y bacterias y debido a su transformación por parte de las bacterias quimiolitótrofas se convierten en compuestos asimilables por organismos fotosintéticos. Por tanto, los organismos quimiosintéticos son de gran importancia en los ciclos biogeoquímicos (ver Tema 15).

12.7.1. Bacterias quimiosintéticas del nitrógeno

La energía es obtenida mediante la oxidación del amoníaco a nitrato mediante dos tipos de bacterias:

— ***Bacterias nitrosificantes*** como las del género *Nitrosomonas*, que transforman el amoníaco en iones nitrito, NO_2^-.

$$2\,H_3N + 3\,O_2 \longrightarrow 2\,NO_2^- + 2\,H^+ + 2\,H_2O + 70\text{ kcal/mol}$$

— ***Bacterias nitrificantes*** que oxidan los nitritos a nitratos, como las del género *Nitrobacter*.

$$2\,NO_2^- + O_2 \longrightarrow 2\,NO_3^- + 17\text{ kcal/mol}$$

La importancia de estas bacterias del suelo radica en que al convertir el amoníaco en iones nitrato puede ser asimilado por las plantas continuando el ciclo del nitrógeno en los ecosistemas (Tema 15). Además de suelo se encuentran en aguas salinas y dulces, en sistemas de tratamiento de residuos (compostaje) y líquidos, jugando un papel clave en la eliminación del nitrógeno de aguas residuales.

12.7.2. Bacterias quimiosintéticas del azufre

Estas bacterias viven en aguas residuales de las poblaciones y en sedimentos acuáticos que contienen H_2S, emanaciones termales, efluentes del drenaje de minas con sulfuros metálicos, etc. Utilizan como sustrato azufre o compuestos de azufre como el H_2S, obteniéndose iones sulfato, SO_4^{2-}, que pueden ser absorbidos por las plantas.

Son bacterias aerobias ya que necesitan oxígeno para la reacción de oxidación.

$$2\,S + 3\,O_2 + 2\,H_2O \longrightarrow 2\,SO_4^{2-} + 4\,H^+ + 118\ \text{kcal/mol}$$

$$2\,H_2S + O_2 \longrightarrow 2\,S + 2\,H_2O + 50\ \text{kcal/mol}$$

La oxidación del H_2S formado en la descomposición de las proteínas por las bacterias sulfurosas permite la purificación de las corrientes de agua y lagos. En los fondos marinos existen bacterias que oxidan los sustratos de azufre, constituyendo los productores en estos ecosistemas donde la profundidad alcanza más de 2.000 m.

La transformación de azufre a sulfatos y ácido sulfúrico produce la acidificación del entorno, pudiendo emplearse para disminuir el pH de suelos calcáreos (básicos).

12.7.3. Bacterias quimiosintéticas del hierro

Son bacterias que viven en aguas ricas en sales ferrosas y producen la oxidación del Fe^{2+} de carbonatos y sulfatos de hierro a Fe^{3+}.

$$4\,FeCO_3 + 6\,H_2O + O_2 \longrightarrow 4\,Fe(OH)_3 + 4\,CO_2 + 40\ \text{kcal/mol}$$

Estas bacterias proliferan en diferentes ecosistemas como por ejemplo en el río Tinto (Huelva) que presentan aguas de color rojo y pH ácido (pH=2) debido a la abundancia natural de sulfuros y a la presencia de los géneros *Leptospirillum ferrooxidans* y *Acidithiobacillus ferrooxidans,* que transforman los sulfuros en ácido sulfúrico y oxidan el hierro (pirita), dándole el color rojizo característico (Figura 12.17).

En la actualidad científicos de la NASA y CAB (Centro español de Astrobiológica) están desarrollando diversas actividades dentro del proyecto Marte, con objeto de estudiar estos microorganismos del subsuelo del río Tinto que viven en condiciones muy similares a las de Marte (acidez, ausencia de oxígeno y altas concentraciones de hierro y

FIGURA 12.17. Color rojizo de las aguas del río Tinto (Huelva).

azufre), para diseñar tecnología con destino a la búsqueda de vida en el subsuelo de Marte.

12.7.4. Bacterias quimiosintéticas del hidrógeno

En este grupo se encuentran especies de diferentes géneros como las *Hydrogemonas*, *Pseudomonas* y *Alcaligenes,* que utilizan el hidrógeno molecular como dador de electrones:

$$2\ H_2 + O_2 \longrightarrow 2\ H_2O + 118\ \text{kcal/mol}$$

12.7.5. Bacterias quimiosintéticas del metano

Las ***bacterias metanógenas*** obtienen la energía a partir de varios tipos de reacciones en las que se forma metano como producto final. Estas reacciones presentan, además de su interés desde el punto de vista energético de los procesos biológicos, otras aplicaciones prácticas en la obtención de combustible (metano o biogás).

Son bacterias que abundan en ambientes anaeróbicos, incluyendo sedimentos marinos y de agua dulce, pantanos, vertederos, tracto intestinal de animales, etc. Utilizan el hidrógeno para reducir el CO_2, con formación de metano y desprendimiento de energía.

$$4\ H_2 + CO_2 \longrightarrow CH_4 + 2\ H_2O + 33\ \text{kcal/mol}$$

Las bacterias ***metanotrofas*** o consumidoras de metano, son aquellas que tienen la capacidad de usar el metano como fuente para obtener energía y materia orgánica. Estas bacterias son simbiontes de mejillones que habitan en las chimeneas de los fondos marinos donde se produce metano.

12.7.6. Bacterias quimiosintéticas del petróleo. Biorremediación

La ***biorremediación*** es un término genérico que se aplica al conjunto de técnicas utilizadas en la degradación de contaminantes o la recuperación de los ecosistemas mediante procesos biológicos. La aplicación de este procedimiento con bacterias requiere en primer lugar elegir la familia más adecuada en función de los contaminantes y verificar que no son un peligro para el ecosistema donde se utilizan, y en segundo, conocer los nutrientes que permitirán a estas bacterias proliferar en las zonas contaminadas.

En la biorremediación del petróleo, bacterias por ejemplo del género *Pseudomona* spp. degradan los hidrocarburos que forman el petróleo convirtiéndoles en compuestos no tóxicos como CO_2, agua y biomasa.

12.8. FLUJO DE ENERGÍA EN LOS ECOSISTEMAS

La energía de los ecosistemas viene del exterior, es captada por los organismos y después va pasando de unos a otros, de forma que cada uno de ellos la utiliza para sus funciones vitales, creándose un flujo de energía.

Cada organismo desempeña un papel distinto en la utilización de la energía a través del flujo establecido (Figura 12.18). Primero se encuentran los ***productores***, que son los encargados de captar y aprovechar la energía que llega del exterior al ecosistema: son los organismos que realizan la fotosíntesis y los quimiosintéticos. A continuación se sitúan aquellos organismos incapaces de captar la energía exterior o ***consumidores*** (herbívoros y carnívoros), teniendo que tomarla de los productores. Por último, los ***descomponedores*** utili-

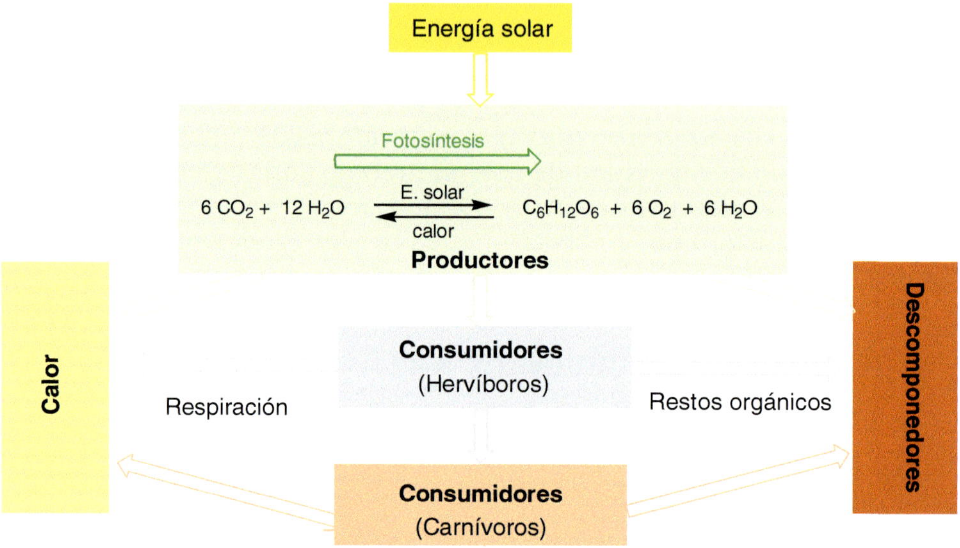

FIGURA 12.18. Flujo de energía en un ecosistema.

zan los restos de organismos y deyecciones, convirtiendo las sustancias orgánicas en productos inorgánicos mediante procesos de fermentación y respiración.

El flujo de energía va disminuyendo a través de los distintos niveles del ecosistema porque parte de esta energía es utilizada por los organismos en la respiración y se libera en forma de calor. Sin embargo, se cumple la primera ley de la termodinámica ya que la energía que entra en el ecosistema es igual a la que se acumula en forma de materia orgánica en los niveles que componen el ecosistema, más la que se desprende como calor. En los ecosistemas acuáticos cada nivel trófico cede al siguiente, por término medio un 10% de la energía que le llega, en los terrestres la proporción es aún menor.

EJERCICIOS DE AUTOCOMPROBACIÓN

1. ¿Por qué el adenosin trifosfato (ATP) se conoce como «moneda energética universal»?
2. ¿Qué es un fotosistema?
3. Indicar los tipos de fotosíntesis y sus principales diferencias.
4. ¿Cuáles son los principales objetivos de la fase lumínica y la fase oscura de la fotosíntesis?
5. ¿Cómo afectan la intensidad luminosa y la temperatura sobre la intensidad fotosintética?
6. ¿Cuáles son los principales tipos de bacterias quimiolitótrofas y como influyen en los ecosistemas?

13

PRODUCCIÓN PRIMARIA. FACTORES LIMITANTES. PRODUCTIVIDAD

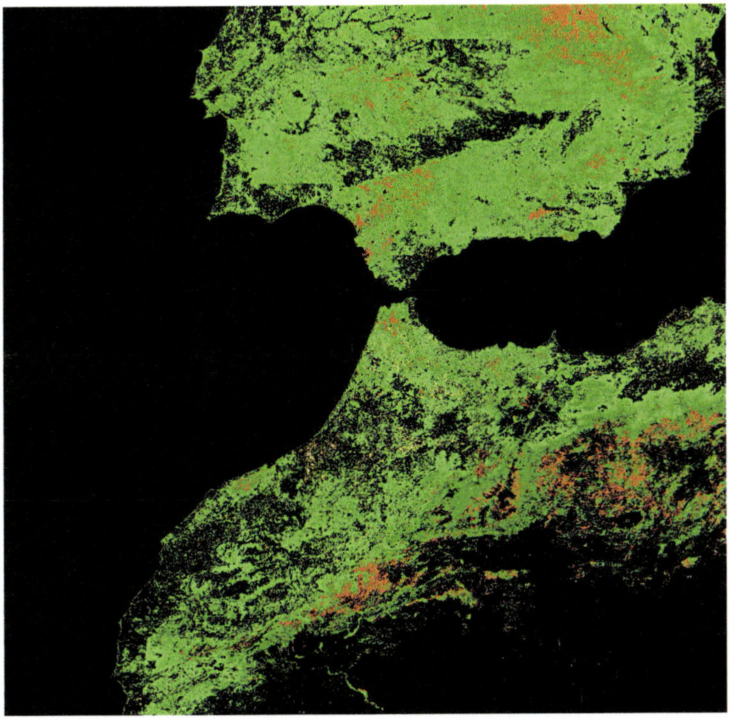

Producción de la vegetación a lo largo del estrecho de Gibraltar.

SUMARIO

OBJETIVOS

1. Comprender la importancia de la producción primaria en los ecosistemas.
2. Conocer como las plantas asignan la energía que reciben.
3. Analizar los principales métodos empleados en las medidas de la producción primaria.
4. Evaluar la influencia de diversos factores en la producción primaria de los ecosistemas terrestres y acuáticos.
5. Determinar la relación entre la productividad y la diversidad de especies.

13.1. INTRODUCCIÓN

La ***producción*** (**P**) de un ecosistema es la cantidad de energía que es capaz de aprovechar, o sea, corresponde a la energía que se almacena por unidad de superficie y por unidad de tiempo y se expresa en kJ/m^2 día. También se define como la cantidad de materia orgánica seca que acumula el ecosistema por unidad de superficie y tiempo, midiéndose en g/cm^2 día, ya que el contenido de energía depende principalmente del contenido de carbono (aproximadamente 39 kJ por gramo de carbono). La producción no se debe confundir con la ***biomasa (B)*** que es la cantidad de materia orgánica acumulada en una superficie en un momento dado y se expresa en unidades de energía (kJ/m^2) o en unidades de masa (kg/m^2). En este último caso se puede expresar en forma de «peso seco» cuando se ha extraído el agua de los tejidos, o como cantidad de algún elemento (normalmente carbono) por unidad de superficie, g C/m^2.

13.2. PRODUCCIÓN PRIMARIA

La ***producción primaria*** de una comunidad es la cantidad de energía fijada o almacenada por los organismos autótrofos que conduce a un aumento de biomasa de los seres autótrofos y se diferencian dos tipos:

— ***Producción primaria bruta*** (***PPB***): es la cantidad de energía total almacenada por unidad de tiempo y corresponde al total de la energía fijada por la fotosíntesis.

$$6\ CO_2 + 12\ H_2O + \text{energía solar} \rightarrow C_6H_{12}O_6 + 6\ O_2 + 6H_2O$$

Por tanto es la totalidad de energía química almacenada por los productores en forma de materia orgánica, incluida la consumida en la ***respiración*** (***R***).

— ***Producción primaria neta*** (***PPN***): es la cantidad de energía almacenada por las plantas como materia orgánica después del proceso de respiración (***R***). Esta energía es la que se encuentra disponible para los consumidores. La producción primaria neta con el paso del tiempo se acumula como biomasa vegetal.

Se obtiene restando de la producción primaria bruta la energía consumida en la respiración:

$$PPN = PPB - R$$

13.3. DISTRIBUCIÓN DE ENERGÍA EN LOS VEGETALES

La asignación de energía a cada uno de los componentes de una planta (hojas, tallos, flores, semillas, etc,) depende de las condiciones ambientales y de la forma de vida de la planta. En regiones con alternancia de una estación húmeda y otra seca, las plantas anuales completan su ciclo de crecimiento en una única estación, por lo que deben asignar la energía en primer lugar para la producción de hojas. Cuando estas hojas inician la fotosíntesis se produce un incremento de la biomasa vegetal y se repone la energía. En la etapa de floración, la mayor cantidad de energía se asigna a la reproducción, disminuyendo en las hojas.

La distribución de energía en las plantas perennes es diferente ya que fijan en las raíces una mayor cantidad de energía que la que necesitan para la absorción de agua y nutrientes del suelo, para convertirlas en órganos de reserva de energía. En la siguiente estación, las plantas utilizan esta energía para iniciar su desarrollo y en la producción de las flores y frutos.

El tiempo de vida de los árboles y arbustos influye en la forma de asignación de su energía. Al principio las hojas suponen más de la mitad de la biomasa, pero a medida que los árboles envejecen, los tallos y troncos son más pesados y la proporción entre las hojas y el tejido leñoso varía. Llega un momento donde la cantidad de hojas que proporcionan energía a los árboles es menor que la biomasa que mantienen.

Los árboles de hoja caduca gastan gran cantidad de energía en primavera para el desarrollo de las hojas, recuperándola cuando son capaces de realizar la fotosíntesis. A continuación la energía se distribuye para las flores, tejidos de transporte, brotes, etc. En el caso de los árboles de hoja perenne como disponen de hojas durante todo el año, no es necesario utilizar la energía de las raíces para el crecimiento de las hojas en primavera. La energía es empleada en primer lugar para el crecimiento vegetativo y después para la reproducción.

Los ecosistemas asignan diferente producción neta para la biomasa aérea y para la subterránea. En ecosistemas con bajas precipitaciones de lluvia y suelos poco fértiles la relación brotes-raíces es menor que los que presentan alto contenido en nutrientes y agua en el suelo. Por ejemplo, la vegetación de la tundra que soporta inviernos largos y fríos y estaciones de crecimiento cortas, muestra una relación de brotes-raíces entre 1:3 y 1:10. En general, las plantas de zonas áridas presentan bajas relaciones entre brotes y raíces, a diferencia de la vegetación de bosques donde la razón brotes-raíces es alta: árboles (1:0,2), arbustos (1:0,5) y vegetación herbácea (1:1).

13.4. MÉTODOS DE MEDICIÓN DE LA PRODUCCIÓN PRIMARIA

La medida de la producción primaria de los vegetales depende del hábitat y de la forma de crecimiento. Existen diferentes métodos para estimar la producción bruta y neta que varían según se vaya a determinar la producción de un sistema entero o de una parte de la planta. En el caso de los ecosistemas las unidades de energía más adecuadas son kJ/m^2 año, en cambio para comparar la producción de dos especies de plantas se utilizan J/cm^2 s.

Uno de los métodos empleados para medir la producción primaria es el de la ***recolección o cosecha de la vegetación***. El cambio de biomasa en un ecosistema por unidad de tiempo, se determina por diferencia entre la cantidad existente en dos momentos diferentes:

$$\Delta B = B_2 - B_1$$

ΔB = Cambio en la biomasa

B_1 = Biomasa en el momento 1 (t_1)

B_2 = Biomasa en el momento 1 (t_2)

Si consideramos las pérdidas de biomasa por muerte natural de las plantas (**L**) y las debidas al consumo realizado por los herbívoros (**G**), la producción primaria neta sería:

$$PPN = \Delta B + L + G$$

La PPN obtenida a partir de la biomasa se puede transformar en energía utilizando una bomba calorimétrica que permite obtener el contenido del material en julios o calorías. Este contenido varía dependiendo de la estación en la que se recolectan las plantas y según las diferentes partes recogidas (Tabla 13.1).

TABLA 13.1. Contenido medio de energía de diferentes partes de plantas (57 especies)

	cal/g (peso seco)	J /g (peso seco)
Hojas	4.229	17.694
Raíces	4.720	19.748
Semillas	5.065	21.192

En general este método es válido para plantas anuales de cultivo donde es más sencillo controlar los factores de pérdida, que en el caso de comunidades vegetales silvestres.

Otro método es el de ***intercambio gaseoso*** según el cual se puede calcular la producción primaria de las plantas terrestres a partir de la concentraciones de dióxido de carbono y oxígeno en el aire de alrededor de las plantas. Para ello se mantiene la planta encerrada en un recipiente hermético y se mide la absorción de CO_2 durante el día, lo que equivale a la producción primaria neta, ya que la planta realiza simultáneamente los procesos de fotosíntesis y respiración. Durante la noche la planta sólo respira y la cantidad de CO_2 liberado permite calcular la respiración y por tanto la producción primaria bruta.

Una variante de este método consiste en utilizar isótopos del carbono, el ^{14}C. Se añade al recipiente una cantidad conocida de dióxido de carbono marcado con ^{14}C, de forma que las plantas asimilan el ^{14}C en proporción directa a su aparición en el aire del recipiente. La tasa de fijación de carbono se calcula dividiendo la cantidad de ^{14}C en la planta por la concentración de ^{14}C en el recipiente al inicio del experimento. Mediante este método es posible determinar la distribución de la fijación de carbono en los distintos estratos de la vegetación y se utiliza sobre todo para la vegetación de poca altura como líquenes o musgos, algas del suelo, etc. Por ejemplo, la producción de líquenes medida está entre 15 y 200 mg C/m^2 h.

En general la producción primaria de los sistemas acuáticos puede medirse usando los mismos métodos que para los sistemas terrestres. El método de recolección puede emplearse en grandes organismos fotosintéticos como los «bosques de kelps» o bosques de macroalgas, sin embargo no es útil para otros como el fitoplancton.

La producción primaria del plancton se determina también mediante el intercambio gaseoso pero se mide el desprendimiento de oxígeno en lugar de la absorción de dióxido de carbono. En este procedimiento se introducen determinadas cantidades de agua que contienen fitoplancton en dos frascos: uno es transparente y permite el paso de la luz solar y el otro es opaco. Posteriormente son suspendidos a la profundidad establecida en un lago o bien en un océano (según la procedencia de la muestra). La fotosíntesis y la respiración ocurrirán simultáneamente en el frasco transparente, consumiéndose en la respiración parte del oxígeno producido en la fotosíntesis. En el frasco opaco el oxígeno que se consume en la respiración no puede reponerse al no producirse la fotosíntesis. Transcurridas unas horas se mide la concentración final de oxígeno en el frasco transparente $[O_2]_t$, y en el opaco $[O_2]_o$ y conociendo la concentración inicial de oxígeno disuelto en las muestras de agua $[O_2]_i$ se calculan los valores de producción primaria neta, respiración y producción primaria bruta. La concentración de oxígeno en el frasco transparente aumentará con respecto a la inicial debido a la fotosíntesis y en el frasco oscuro disminuye debido a la respiración.

$$PPN = [O_2]_t - [O_2]_i$$

$[O_2]_i$ = concentración de oxígeno inicial.

$[O_2]_t$ = concentración de oxígeno en el frasco transparente al cabo de unas horas.

$$R = [O_2]_i - [O_2]_o$$

$[O_2]_o$ = concentración de oxígeno en el frasco opaco al cabo de unas horas.

$$PPB = PPN + R = [O_2]_t - [O_2]_o$$

La estimación de asimilación de carbono de plantas y algas en aguas poco productivas (lagos profundos y océano abierto), se puede realizar usando ^{14}C y siguiendo un procedimiento similar al de los sistemas terrestres. Se añade bicarbonato sódico marcado con ^{14}C, en lugar de dióxido de carbono, a una muestra de agua cuya cantidad de carbono se conoce y se procede a su incubación durante unas horas. Después se filtra la muestra y se cuantifica la radiactividad del material retenido en el filtro. La cantidad de carbono incorporado se calcula dividiendo la cantidad de ^{14}C en el plancton por la proporción de ^{14}C al principio de la incubación:

$$C_{total\ fijado} = \frac{^{14}C_{fijado} \times C_{total\ en\ agua}}{^{14}C_{añadido}}$$

La estimación de la producción primaria neta de áreas pequeñas es fácil, sin embargo para determinar la producción primaria global se han desarrollado nuevos métodos que consisten en medir la cantidad de radiación solar mediante satélites y determinar la eficiencia de luz usada por las plantas. Los sensores remotos permiten analizar cambios de producción en los océanos (en espacio y tiempo) que sería imposible detectar realizando sólo medidas desde barcos. La producción primaria neta se obtiene a partir de la siguiente ecuación:

$$PPN = (RFA)\ (\varepsilon)$$

RFA = Radiación fotosintéticamente activa (J/m^2 año).

ε = Eficiencia de utilización de la luz (g C/J).

A partir de los datos de radiación total (espectro visible e invisible) de los satélites se calcula la radiación fotosintéticamente activa (Tema 2). El parámetro ε no se puede estimar mediante satélites pero puede calcularse a partir de medidas de campo. Los errores en la medición de la PPN provienen de la dificultad para determinar el valor exacto de ε. En los océanos ε se calcula en función de la temperatura de la superficie. En los ecosistemas terrestres ε depende del tipo de ecosistema (tundra, desiertos, bosques, etc.) y de otros factores como la temperatura y el agua.

13.5. PATRONES GLOBALES DE PRODUCCIÓN PRIMARIA

En la Tabla 13.2 se muestran los datos de producción primaria para los biomas con diferentes tipos de vegetación y los ecosistemas acuáticos (océanos, lagos, etc.). La producción primaria neta global de los ecosistemas terrestres se estima alrededor de 115×10^9 t de peso seco al año y la de los acuáticos en 55×10^9 t/año. Del análisis de los datos de la Tabla 13.2 y de las figuras 13.1 y 13.2 se deduce que la producción primaria no se distribuye uniformemente en la Tierra. Aproximadamente un 30% de la superficie terrestre y un 90% de los océanos producen menos de 400 g/m^2 año, siendo los sistemas más productivos los bosques tropicales y las tierras cultivadas, los pantanos, marismas, estuarios, arrecifes y lechos de algas.

Aunque la producción primaria en los océanos abiertos es baja, como ocupan un 70% del total de la superficie terrestre contribuyen con aproximadamente un 40% al total de la producción primaria global. En este caso el fitoplancton es de gran importancia puesto que la entrada de materia orgánica procedente de los ecosistemas terrestres es despreciable y la fotosíntesis no puede realizarse en las zonas de gran profundidad.

En los ecosistemas acuáticos la escasez de nutrientes (apartado 13.7.3) limita la producción primaria pero las zonas de aguas emergentes o de afloramiento que reciben nutrientes procedentes de aguas más profundas y las regiones de la plataforma continental, caracterizadas por un intercambio rápido de nutrientes con las aguas superficiales, presentan valores altos de producción primaria. En la figura 13.2 se muestran las zonas de los océanos donde las aguas son más productivas.

TABLA 13.2. Producción primaria neta PPN y biomasa de diversos ecosistemas

Tipo de ecosistema	Área (10^6 km^2)	PPN por unidad de superficie (g/m^2 año)	PPN mundial (10^9 t/año)	Biomasa por unidad de superficie (Kg/m^2)
Bosque tropical	17	2.200	37,4	45
Bosque estacional tropical	7,5	1.600	12	35
Bosque perennifolio	5	1.300	6,5	35
Bosques caducifolios	7	1.200	8,4	30
Bosques de coníferas	12	800	9,6	20
Zonas arboladas	8,5	700	6	50
Sabana	15	900	13,5	4
Tierras de cultivo	14	650	9,1	1
Bosque mediterráneo	8	600	5	6,8
Pradera, estepa	9	600	5,4	1,6
Tundra	8	140	1,1	0,6
Matorral	18	90	1,6	0,7
Desierto	24	3	0,07	0,02
Pantanos y marismas	2	2.000	4	15
Lagos y ríos	2	250	0,5	0,02
Total continental	149	773	115	12,3
Arrecifes y lechos de algas	0,6	2.500	1,6	2
Estuarios	1,4	1.500	2,1	1
Zonas de afloramiento	0,4	500	0,2	0,02
Plataforma continental	26,6	360	9,6	0,01
Océanos abiertos	332	125	41,5	0,003
Total marino	361	152	55	0,01
Total global	510	333	170	3,6

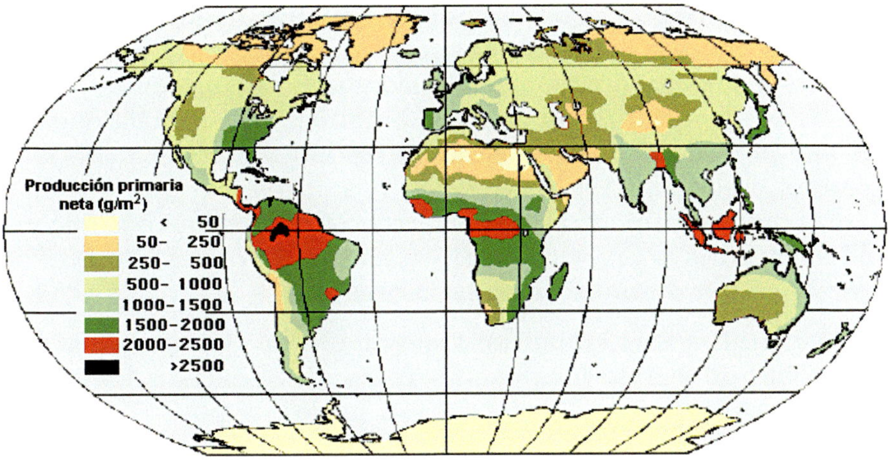

FIGURA 13.1. Distribución de la producción primaria neta en los continentes.

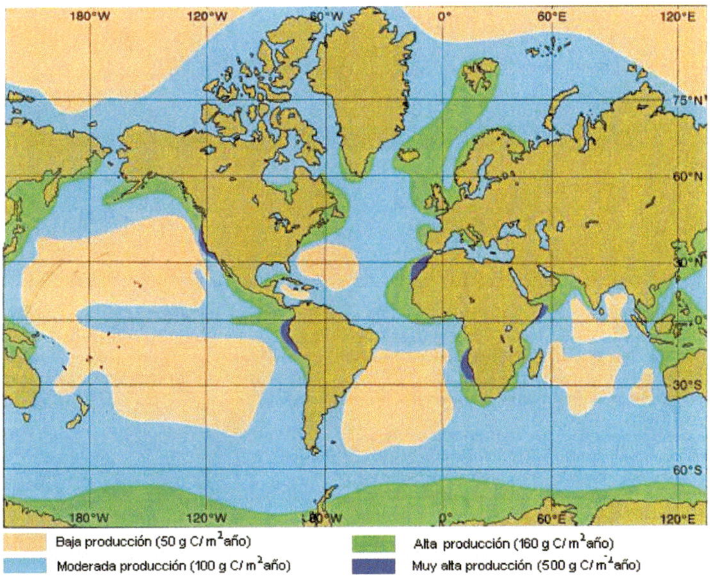

FIGURA 13.2. Distribución de la producción primaria en los océanos.

Los ecosistemas de agua dulce como por ejemplo los estuarios reciben nutrientes a través de los ríos y corrientes procedentes de ecosistemas terrestres, presentando valores de producción primaria muy parecidos a los de las zonas próximas. Los ríos y lagos poco profundos son los de mayores niveles de producción.

La materia orgánica producida por plantas, algas y fitoplancton microscópico en los ecosistemas acuáticos mediante el proceso de fotosíntesis, se denomina materia ***autóctona***. Además en estos ecosistemas existe otra entrada de materia orgánica, que es la llamada ***alóctona*** que procede de las zonas terrestres adyacentes. La producción autóctona predomina en los ríos grandes, lagos y la mayoría de ecosistemas marinos, mientras que en arroyos y ríos pequeños que discurren bajo árboles la producción alóctona (hojas, ramas, etc.) constituye una fuente importante de materia orgánica.

En general en los biomas forestales la producción primaria depende de la latitud siendo los bosques tropicales lluviosos los más productivos y decreciendo la producción hacia los polos (latitud 90°). Esta tendencia también se sigue en la tundra y en las praderas aunque con muchas variaciones debido a la formación de microclimas (Figura 13.3).

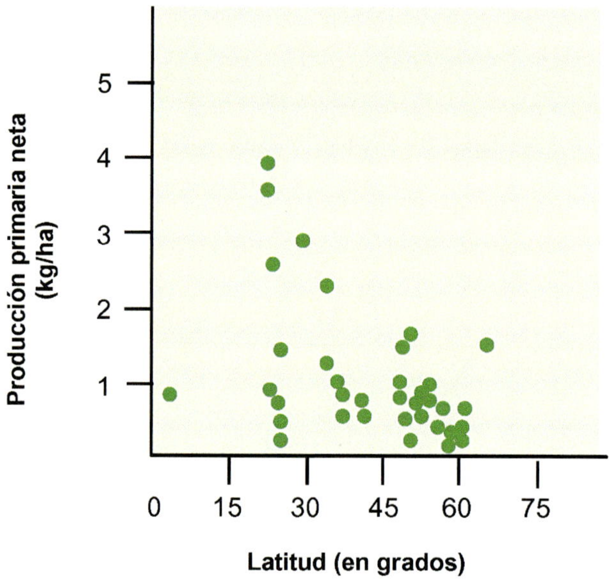

FIGURA 13.3. Variación de la producción primaria con la latitud en la tundra y praderas.

La producción primaria de los lagos también varía con la latitud (Figura 13.4), en cambio en los océanos no existe esta relación (Figura 13.2).

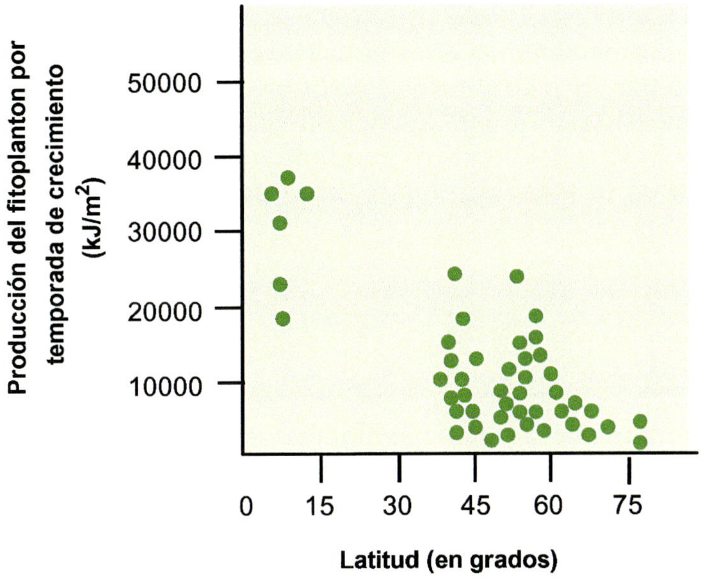

FIGURA 13.4. Influencia de la latitud en la producción primaria de los lagos.

13.6. EFICIENCIA DE LA PRODUCCIÓN PRIMARIA

La eficiencia de la producción primaria bruta se puede determinar mediante la expresión:

$$\text{Eficiencia PPB} = \frac{\text{Energía fijada por la producción primaria}}{\text{Energía de la luz solar incidente}}$$

En los ecosistemas terrestres la eficiencia de la producción primaria bruta de los bosques está entre 2 y 3% mientras que para las comunidades de plantas herbáceas los valores oscilan entre 1 y 2%. En el caso del fitoplancton su eficiencia es muy baja, normalmente menos del 0,5%, sin embargo las algas de aguas poco profundas pueden alcanzar valores superiores.

En el proceso de respiración de las plantas se pierde gran cantidad de energía fijada en la fotosíntesis, por lo que la producción primaria neta que es la que interesa, es menos eficiente. En los bosques el 50-70% de la producción primaria bruta se pierde en la respiración, de forma que la producción neta es aproximadamente una cuarta parte de la producción bruta. Los cultivos y ecosistemas donde predominan las hierbas pierden menos energía a través de la respiración que los bosques que tienen gran cantidad de tallos, ramas y raíces. Como consecuencia de estas pérdidas de energía la mayoría de los ecosistemas terrestres convierten sólo aproximadamente el 1% de la energía solar que reciben en la estación de crecimiento, en producción primaria neta.

13.7. FACTORES LIMITANTES DE LA PRODUCCIÓN PRIMARIA

Si se compara la radiación incidente sobre la superficie de la Tierra y la distribución de la producción primaria en los ecosistemas mundiales, se deduce que la intensidad luminosa no es el único factor determinante en la producción primaria.

Entre los factores limitantes de la producción primaria destacan: la temperatura, las precipitaciones, la luz y la disposición de las unidades fotosintéticas, la disponibilidad de los nutrientes, la concentración de CO_2 y el tiempo. En los estudios realizados sobre la influencia de estos factores se analizan por separado los sistemas acuáticos y los terrestres. En los acuáticos influye sobre todo la intensidad de la luz y los nutrientes, mientras que en los terrestres el principal factor limitante es el clima (temperatura y precipitaciones).

13.7.1. Temperatura y precipitaciones

En la figura 13.5 se representa la producción primaria de los ecosistemas terrestres en función de las temperaturas anuales. Se observa que la producción primaria neta aumenta al incrementar la temperatura. Esto se debe a la influencia de esta última sobre la fotosíntesis (captación de energía) y sobre el área de la superficie de las hojas que se encargan de realizarla. La fotosíntesis aumenta con la temperatura dentro de un rango (Tema 12), de forma que en las zonas templadas la tasa de fotosíntesis es elevada como consecuencia de las temperaturas cálidas.

Por otro lado la producción primaria también está determinada por las precipitaciones (Figura 13.6) ya que cuando las plantas realizan la fotosíntesis deben abrir sus estomas para tomar el dióxido de carbono y a su vez pierden agua. Los estomas se mantienen abiertos si

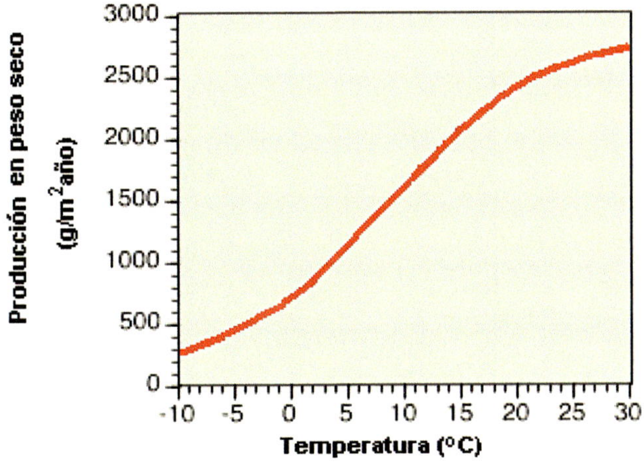

FIGURA 13.5. Producción primaria en función de la temperatura media anual (°C).

las raíces restituyen el agua que se va perdiendo. El agua disponible limitará por tanto la tasa de fotosíntesis.

Los efectos de la temperatura y las precipitaciones sobre la producción primaria están muy relacionados. La mayor producción ocurre cuando las temperaturas son moderadas y existe disponibilidad de agua suficiente para la evapotranspiración, mientras que las altas temperaturas y cantidades bajas de agua determinará un disminución de la producción (Figura 13.7). Los valores de evapotranspira-

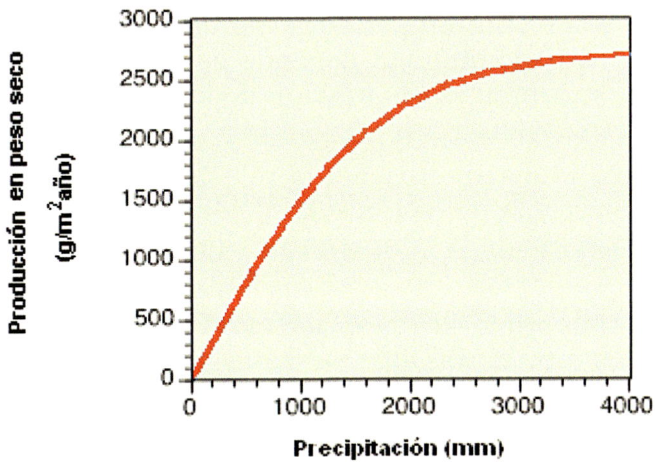

FIGURA 13.6. Producción primaria en función de las precipitaciones medias anuales (mm).

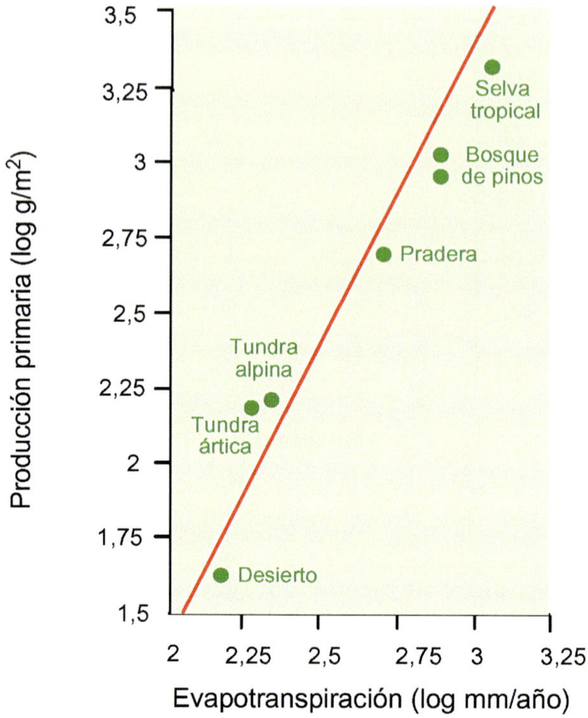

FIGURA 13.7. Producción primaria en función de la evapotranspiración para distintos ecosistemas.

ción reflejan la demanda y la disponibilidad de agua del ecosistema. La radiación solar y la temperatura marcan la demanda de agua, mientras que la disponibilidad depende de las precipitaciones, por tanto la evapotranspiración es función de las precipitaciones y de la temperatura.

En la figura 13.8 se representa la relación de la producción primaria, la biomasa y la radiación solar de diferentes ecosistemas (ver tema 11) en función de la temperatura y las precipitaciones medias anuales.

La producción primaria y biomasa más baja se da en los desiertos que presentan temperaturas altas y escasas precipitaciones. En la tundra aunque las precipitaciones son más altas, debido a las bajas temperaturas la producción no es elevada. Los ecosistemas terrestres de mayor producción y biomasa son las selvas tropicales donde se mantienen temperaturas cálidas y abundante humedad.

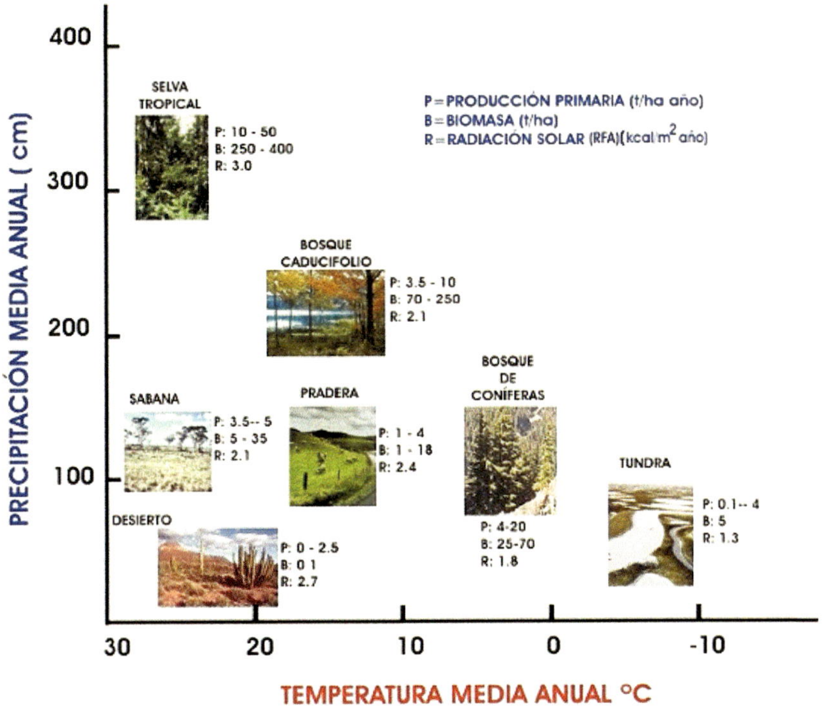

FIGURA 13.8. Producción primaria, biomasa y radiación solar en diferentes ecosistemas terrestres.

13.7.2. Intensidad de luz

En los ecosistemas acuáticos la producción primaria está controlada principalmente por la intensidad de la luz. La profundidad a la que penetra la luz es decisiva para determinar la zona de producción primaria. Aproximadamente más del de 50% de radiación solar se absorbe en el primer metro de agua, llegando únicamente a una profundidad de 20 m del orden del 5 a 10% de la radiación. La siguiente ecuación muestra la relación entre cantidad de radiación solar y la profundidad:

$$\frac{dI}{dt} = kI$$

I: Cantidad de radiación solar.

t: profundidad o espesor de capa.

k: coeficiente de extinción (constante).

En la figura 13.9 se muestra está relación para una muestra de agua pura y otra procedente del océano. La intensidad de luz decrece geométricamente con la profundidad en ambos casos pero a valores más altos de coeficiente de extinción, agua de océano, $k = 0{,}1$ y agua pura, $k = 0{,}02$, la pérdida de luz es más rápida puesto que son aguas menos transparentes.

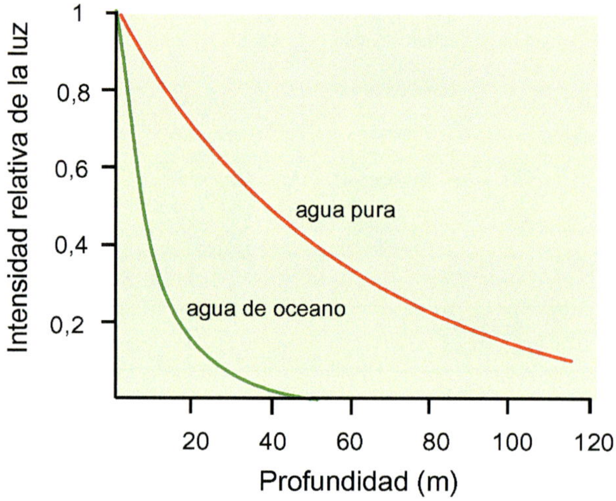

FIGURA 13.9. Variación de la intensidad de la luz en función de la profundidad.

En el medio oceánico, también influyen fenómenos como el ángulo de incidencia, la difusión de la luz en diversas direcciones, etc. Por ejemplo, si los rayos que alcanzan la superficie del agua poseen un ángulo inferior a 42°, se reflejan en la misma superficie y no penetran en el agua.

La fotosíntesis de las plantas verdes está inhibida por el exceso de luz (Tema 12), observándose por ejemplo, en las aguas superficiales de los océanos tropicales que cuando la intensidad de luz en la superficie es excesiva, los valores máximos de producción primaria se obtienen a varios metros por debajo de la superficie.

Si se considera la luz como un factor limitante primordial en los océanos, debería existir un gradiente de productividad desde los polos hacia el ecuador. Sin embargo, si se analiza la figura 13.2 se observa que las aguas de zonas tropicales y subtropicales son muy improductivas frente a otras como el océano Atlántico Norte de gran productividad. La baja producción primaria de los océanos tropicales con condiciones luminosas buenas se debe a la influencia de otros factores limitantes que son decisivos en los ecosistemas acuáticos, los nutrientes.

13.7.3. Nutrientes

Los principales nutrientes que limitan la producción primaria en los ecosistemas acuáticos son el nitrógeno y el fósforo. Los nutrientes de los lagos se deben a la meteorización de las rocas, a las aguas procedentes de la lluvia y al vertido de aguas residuales y abonos procedentes de las actividades humanas. A menor latitud el aporte de nutrientes es mayor por una meteorización más rápida y una mayor concentración de compuestos fosfatados en el agua de lluvia tropical.

En general las concentraciones de nitrógeno y fósforo de las aguas superficiales de los océanos donde vive el fitoplancton son bajas mientras que las aguas profundas contienen altas concentraciones de nutrientes. El fósforo que podía contener el agua se consume rápidamente a partir de la superficie y hacia abajo. Por esta razón, en mares donde las aguas se mezclan poco en sentido vertical, se observan máximos profundos de producción, entre 70 y 100 metros, ya que el plancton no busca el máximo de luz, sino cantidades aprovechables de fósforo, debido a que en las zonas más superficiales, donde llega la luz se ha consumido ya y los nutrientes permanecen acumulados precisamente donde casi no hay luz. En muchas zonas de los océanos el nitrógeno puede ser el factor limitante para el fitoplancton. En experimentos de adición de nutrientes se observó que la adición de nitrógeno (en forma de ión amonio) provocó el desarrollo de gran cantidad de algas, sin embargo al añadir fosfatos no se producía crecimiento de las mismas. Estos resultados que demuestran el carácter de factor limitante del nitrógeno son inesperados ya que el nitrógeno se encuentra en altas concentraciones en el aire y puede ser convertido en una forma asimilable por las cianobacterias fijadoras de nitrógeno. En cambio el fósforo podía ser un factor limitante por no estar en la composición del aire.

Otros nutrientes como el hierro también pueden limitar la producción primaria, como por ejemplo en el mar de los Sargazos situado en la zona subtropical del océano Atlántico y que presenta un producción muy baja. Este mar goza de aguas muy transparentes pero con bajas concentraciones de nutrientes en la superficie. Cuando se realizaron experimentos donde se llenaron botellas con agua del mar y se enriquecieron con diferentes nutrientes (hierro, nitrógeno y fósforo) durante tres días, se observó que el hierro aumentó la producción primaria. A partir de estos resultado se postuló la hipótesis de que la falta de hierro es responsable de la baja productividad de la zona del Pacífico ecuatorial. Se continuaron los experimentos añadiendo bajas concentraciones de hierro en un área de 72 Km^2 de océano durante siete días y se midieron los cambios en el fitoplancton y zooplancton. En el área enriquecida proliferó el fitoplancton y los niveles de clorofila *a* se incrementaron veintisiete veces sobre los valores de partida.

Los efectos del hierro sobre la producción primaria se deben al papel de este elemento en la fijación del nitrógeno a través de la siguiente secuencia:

$$\text{Hierro} \xrightarrow{+} \text{cianobacterias} \xrightarrow{+} \text{fijación del nitrógeno} \xrightarrow{+} \text{fitoplancton}$$

Se han cuantificado los efectos de diferentes nutrientes limitantes en los océanos realizando 303 experimentos controlados de adición de nutrientes (nitrógeno, fósforo, hierro, silicio) durante años. Los resultados demuestran que el crecimiento del fitoplancton es estimulado en primer lugar por el enriquecimiento de nitrógeno y en segundo lugar por la adición de hierro. El silicio limita la producción primaria sólo cuando las algas diatomeas son las especies dominantes en el fitoplancton.

Uno de los motivos de la baja productividad de los océanos con respecto a los ecosistemas terrestres es la baja disponibilidad de nutrientes, mientras que los suelos fértiles contiene aproximadamente un 5% de materia orgánica y más de 0,5% de nitrógeno, las aguas de mayor riqueza en los océanos contienen 0,00005% de nitrógeno.

La limitación de los nutrientes en los océanos tienen su excepción en las zonas de afloramiento donde aguas profundas, frías y ricas en nutrientes llegan a la superficie. Estas regiones se localizan en el océano Antártico a lo largo de una zona próxima al continente Antártico. Existen otras áreas de afloramiento en las costas de Perú y California y en muchas zonas costeras donde los vientos y la corrientes permiten que el agua profunda se mueva hacia la superficie. Son áreas de abundante pesca y disponibilidad de nutrientes para el fitoplancton.

En los ecosistemas acuáticos de agua dulce existen una gran variedad de nutrientes que pueden actuar como limitantes. Las plantas necesitan para su crecimiento nitrógeno, calcio, fósforo, potasio, azufre, cloro, sodio, hierro, manganeso, cobre, yodo, cobalto, cinc, boro, vanadio y molibdeno, que como no actúan de forma independiente dificultan la identificación del factor limitante. Los nutrientes que más influyen en la producción primaria de los ecosistemas acuáticos de agua dulce son fósforo y silicio (para las diatomeas) y nitrógeno y el hierro.

En los ecosistemas terrestres, los experimentos de adición de nutrientes en determinadas áreas han permitido determinar sus efectos limitantes sobre la producción primaria. Por ejemplo, en un pantano de Canadá donde predomina la especie vegetal *Carex subpatacea* cuando se adiciona nitrato la producción primaria se duplica y si se añaden fosfatos y nitratos juntos se cuadruplica la producción (Figura 13.10). En este caso como en otros ecosistemas terrestres, el nitrógeno es el principal factor limitante de la producción.

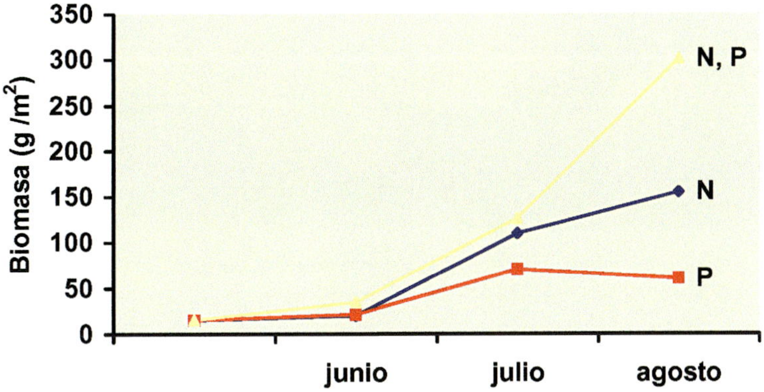

FIGURA 13.10. Efectos de la adición de nutrientes sobre la producción primaria.

En bosques y praderas sin explotar los nutrientes que las plantas toman del suelo vuelven otra vez al suelo como hojarasca que será descompuesta. Pero en los ecosistemas explotados los nutrientes van siendo eliminados continuamente y tienen que ser repuestos a través de la lluvia y por la erosión de rocas. La eficiencia para usar los nutrientes difiere de unos ecosistemas a otros, por ejemplo los bosques de coníferas tienen mayor eficiencia que los bosques caducifolios.

Los ecosistemas terrestres difieren de los marinos en que tienen grandes reservas de nutrientes ligados a las plantas existentes en cada periodo. La concentración de nutrientes de la vegetación tiene importantes repercusiones en el desarrollo de los ciclos de los nutrientes (Tema 15), ya que si el ecosistema es estable la entrada de nutrientes debe ser igual a la salida.

FIGURA 13.11. Hojas con carencia de fósforo.

13.7.4. Concentración de CO_2

La producción de materia orgánica está limitada por las bajas concentraciones de CO_2 en el aire. Algunas plantas cultivadas en invernaderos aumentan su productividad, si la atmósfera está enriquecida en CO_2. Sin embargo cuando se alcanzan concentraciones entre 0,3 y 1,2 por mil de CO_2 la producción se estabiliza.

Otras especies de plantas cultivadas como el maíz, el mijo o el sorgo (plantas C4) crecen rápidamente con bajas concentraciones de CO_2 en el aire, debido a que poseen un mecanismo de bombeo que les permite incorporarlo y acumularlo en el interior de las hojas. Su producción de materia orgánica es superior a las plantas C3 que incluso en ambientes favorables pierden una gran cantidad de agua a través de los estomas. En condiciones de sequía cierran los estomas y al realizar la fotosíntesis se provoca un descenso en la concentración de dióxido de carbono en su interior y un aumento de la de oxígeno. La máxima producción de las C3 está entre 10 y 30 t/ha año mientras que la de las C4 es de 60 a 80 t/ha año.

13.7.5. Tiempo

De la misma forma que el crecimiento de los árboles y la producción de madera decrece con el tiempo, la producción primaria neta de los bosques alcanza un pico máximo que va descendiendo gradualmente hasta alcanzar aproximadamente un 75% del valor máximo. Por ejemplo, la producción primaria del bosque de píceas en Norway (Rusia) de 140 años disminuye hasta el 58% con respecto al máximo, a los 70 años de edad. Para explicar este hecho se han postulado tres hipótesis distintas.

La primera atribuye el descenso de producción como una consecuencia del balance entre la fotosíntesis y la respiración. Con la edad los árboles tienen más tejidos que respiran y más pérdidas de energía y proporcionalmente menos superficie de hojas para realizar la fotosíntesis. Sin embargo, recientemente se ha demostrado que la respiración no se incrementa mucho con la edad del árbol, por ello se recurre a una segunda hipótesis que señala la disponibilidad de nutrientes (nitrógeno) como la causa del descenso de la producción primaria. En los bosques de más edad se acumulan más restos de madera en el sue-

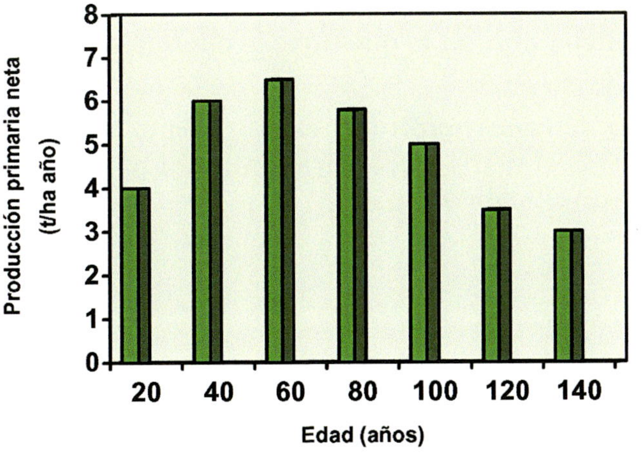

FIGURA 13.12. Evolución de la producción primaria neta de un bosque en función de la edad.

lo y su descomposición es más lenta que los restos de hojas. El nitrógeno permanece en estos restos de madera y tarda más en pasar al suelo para ser utilizado por los árboles.

La última hipótesis indica que el crecimiento de los árboles grandes está limitado por el incremento de la resistencia para el transporte del agua hasta las hojas, debido a la mayor distancia entre las raíces y los estomas de las hojas. Los árboles para conservar agua en sus tejidos reducen la apertura de los estomas y por tanto disminuye la fotosíntesis que va asociada a la apertura estomática. Como consecuencia también descenderá la producción primaria.

Los modelos sobre crecimiento de bosques predicen que la limitación de nutrientes y el flujo de agua influyen en la misma proporción en la reducción de producción primaria neta según la edad de los bosques y que el incremento de la respiración es el factor que menos contribuye en el descenso de la producción.

13.8. PRODUCTIVIDAD

La ***productividad*** (**p**) de un ecosistema es la relación entre la producción (P) y la biomasa (B) por unidad de superficie.

$$p = \frac{P}{B}$$

La productividad mide la velocidad de renovación de la biomasa, así como la eficiencia con la que fluye la energía a través de los niveles de un ecosistema.

El ***tiempo de renovación*** (**tr**) es el cociente entre la biomasa y la producción, y es el tiempo necesario para renovar toda la biomasa de un sistema o nivel trófico.

$$tr = \frac{B}{P}$$

La productividad es un característica fundamental de las comunidades, por ejemplo en el plancton es muy alta debido a que sus poblaciones se renuevan con mucha rapidez. La productividad neta diaria de algunas algas es igual a 1 (100%) debido a su alta tasa de reproducción, ya que sus células se dividen una vez al día. Sin embargo en la vegetación terrestre la productividad es muy variable, oscilando entre el 2% y 100% anual.

En algunos ecosistemas como por ejemplo un pastizal, la productividad es muy elevada (menor que 1), puesto que su renovación es muy alta, mientras que en otros como un bosque maduro la productividad es igual a cero puesto que tiene una gran cantidad de biomasa que se mantiene constante. No se produce un aumento de materia porque la energía que llega al ecosistema se utiliza para su mantenimiento. La producción neta de cada nivel trófico es consumida por el nivel siguiente sin variación de la biomasa, siendo la respiración la que condiciona el valor de la productividad ($p = 0$). La productividad puede ser máxima ($p = 1$) en cultivos agrícolas donde el total de la biomasa producida es eliminado mediante la recolección y la renovación de masa es continua.

La productividad es una de las características más interesantes de los ecosistemas, ya que permite conocer los límites de explotación de los mismos evitando daños irreparables.

13.9. PRODUCTIVIDAD Y DIVERSIDAD

La hipótesis de que la diversidad aumenta la productividad es tan antigua que incluso Ch. Darwin (1809-1882) sugirió que se cumple en el caso de las plantas terrestres. Uno de los motivos por los que se mantendría la diversidad es porque se supone que los lugares más diversos son también más productivos.

Las especies vegetales diferentes tienen nichos distintos que son complementarios y los recursos puede ser utilizados mejor cuando la riqueza de especies es mayor. Sin embargo más especies significa también más competencia siendo posible que un exceso de competencia reduzca la productividad. Si se consideran estas dos posibilidades con efectos opuestos y se representa la productividad frente a la diversidad de especies se obtiene una parábola (Figura 13.13). En ecosistemas de baja productividad se espera que aumente la productividad con la diversidad, pero en ecosistemas de moderada y alta productividad, disminuye.

Por encima de la mitad del rango de productividad existe una relación negativa entre productividad y riqueza de especies. Por ejemplo, en el Park Grass Experiments (Inglaterra) donde se han fertilizado pastos con nitrógeno desde 1856 el número de especies ha ido dismi-

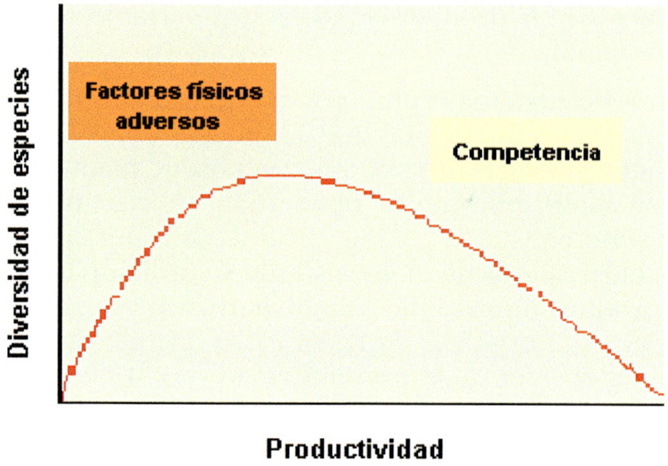

FIGURA 13.13. Relación entre productividad y biodiversidad de plantas en un ecosistema.

nuyendo mientras que la productividad aumentaba. Este ejemplo correspondería a la parte derecha de la curva de la figura 13.13.

En comunidades de plantas con suelos pobres en nutrientes o factores ambientales adversos, la relación entre productividad y diversidad debe ser positiva (lado izquierdo de la figura 13.13). En experimentos de siembra de 289 parcelas con 1, 2, 4, 8, 16 y 32 especies perennes en praderas de Minnesota se ha obtenido una relación positiva entre la productividad y diversidad de especies (Figura 13.14). En este caso la biomasa y por tanto la productividad se mantiene constante a partir de las 10 especies.

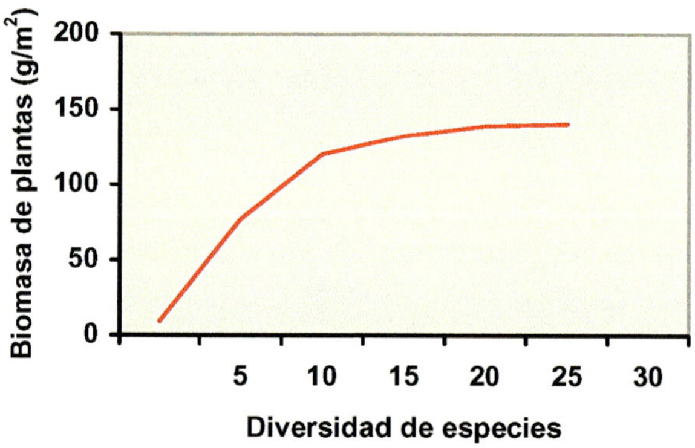

FIGURA 13.14. Relación entre diversidad de especies y biomasa.

EJERCICIOS DE AUTOCOMPROBACIÓN

1. ¿Cuál es la diferencia entre producción primaria neta y bruta?
2. ¿Por qué varía la relación brotes-raíces de la vegetación de diferentes ecosistemas?
3. ¿Cuál es el fundamento del método de intercambio gaseoso?
4. ¿Qué ecosistemas terrestres tienen mayor producción primaria neta? ¿Por qué?
5. ¿Cómo influye la concentración de CO_2 en la atmósfera en la producción primaria?
6. Definir productividad y tiempo de renovación.

14

PRODUCCIÓN SECUNDARIA. CADENAS Y REDES TRÓFICAS. DESCOMPOSICIÓN

Carnívoro: Tigre blanco de bengala (*Panthera tigris*).

SUMARIO

OBJETIVOS

1. Explicar cómo la producción secundaria da cuenta del flujo de energía química en los ecosistemas.

2. Distinguir entre los conceptos de cadena trófica y red trófica.

3. Establecer los diferentes niveles tróficos que se pueden presentar en una cadena trófica.

4. Cuantificar la eficiencia con la que los organismos explotan sus recursos alimentarios y los convierten en biomasa.

5. Describir el proceso de descomposición de los restos de los seres vivos cuando mueren y de los desechos que generan.

14.1. PRODUCCIÓN SECUNDARIA

La producción primaria neta, PPN, es la cantidad de energía disponible para el consumo de los herbívoros, ya que como se ha visto en el Tema 13, es la energía almacenada por las plantas como materia orgánica después del proceso de respiración.

De esta energía, PPN, de la cual una porción no se utiliza (NU), y una vez ingerida por los herbívoros (I), parte de ella se retiene por asimilación (A) y parte sale del organismo como heces y orina (D). De la energía que queda retenida, una porción es utilizada como calor para el metabolismo (respiración) y el resto se emplea en el mantenimiento (captura de alimento, realización de trabajo muscular, desgaste corporal, etc.) (R = respiración + mantenimiento), perdiéndose como calor. La energía sobrante se aprovecha para la producción de nuevos tejidos o de nuevos individuos (P) (Figura 14.1).

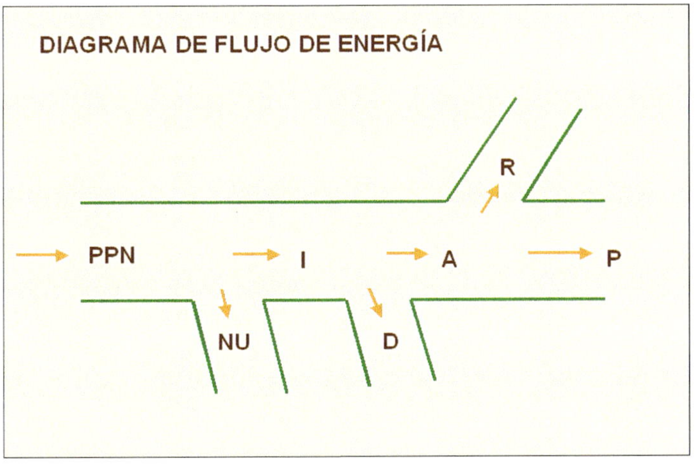

FIGURA 14.1. Flujo de energía a través del primer nivel trófico.

Esta energía neta de producción se denomina ***producción secundaria* (P).** También puede ser definida como la tasa de producción de nueva biomasa por parte de los organismos heterótrofos, que incluye tanto el crecimiento como la reproducción.

Según esta definición la producción secundaria nos explica el flujo de energía química a través de los ecosistemas y define la tasa de producción de biomasa por los heterótrofos. Este flujo se puede representar mediante diagramas de energía (Figura 14.1)

Al igual que los herbívoros no pueden aprovechar toda la energía de su alimento para la producción, los carnívoros cuando se alimentan de los herbívoros les ocurre lo mismo, únicamente una pequeña parte se convierte en producción secundaria. Así pues, es evidente que sólo una fracción insignificante de la energía puesta en juego en la biosfera circula por las estructuras más complejas de la vida, las de los animales superiores.

Por ejemplo, una ardilla se alimenta de piñones, que es la energía bruta que introduce en su sistema digestivo, pero deja como residuos todo el resto de la piña (energía no utilizada). De los piñones que ha comido parte se elimina en las heces y sólo los nutrientes digeribles pasan a la sangre para ser distribuidos entre las células. De esta energía parte se elimina en la orina y el resto se utiliza para el metabolismo. Esta energía metabólica se emplea para mantener su organismo vivo y activo, y para crecer o reproducirse (producción secundaria).

La producción secundaria depende de la producción primaria como fuente de energía y, por ello, cualquier factor, como por ejemplo el clima, que actúe disminuyendo la producción primaria (Tema 13), también intervendrá de forma directa en la disminución de la producción secundaria en el ecosistema. Aunque la producción primaria controla la secundaria, también de forma indirecta este control es recíproco, ya que los consumidores inciden en la producción primaria a través de los procesos de herbivoría y el reciclado de nutrientes (descomposición), tendiendo a un estado de equilibrio dinámico.

14.2. CADENAS Y REDES TRÓFICAS

Las plantas se sirven del agua, del dióxido de carbono y de la luz solar para convertir materias primas en hidratos de carbono por medio de la fotosíntesis; la vida animal, a su vez, depende de las plantas en una secuencia de vínculos interconectados conocida como ***cadena trófica o cadena alimentaria.***

La cadena trófica está integrada por una serie de organismos que en diferentes etapas comen y son comidos formando una serie de niveles a través de los cuales circula la energía. Por ello se entiende por ***cadena trófica*** cada una de las relaciones alimentarias que se establecen entre organismos que pertenecen a distintos niveles tróficos y es representada por un diagrama descriptivo con una serie de flechas que va de una especie a otra, siendo cada una de ellas una fuente de alimento para la siguiente. Por ejemplo, los saltamontes (*Tettigonia* spp.) comen hierba, los gorriones (*Passer* spp.) comen saltamontes y los aguiluchos (*Circus* spp.) se alimentan de gorriones, dando lugar a la siguiente cadena trófica:

hierba ⟶ saltamontes ⟶ gorrión ⟶ aguilucho

Sin embargo, las cadenas tróficas no son lineales, puesto que los recursos se comparten. Una misma planta puede servir de comida para diferentes mamíferos e insectos, y el mismo animal sirve de alimento para varios depredadores. Así las cadenas tróficas se conectan para formar una red trófica cuya complejidad varía entre diferentes ecosistemas y dentro de ellos.

Por tanto ***red trófica o red alimentaria*** es una serie de cadenas tróficas íntimamente relacionadas por las que circula energía y materiales en los ecosistemas, debiéndose a C. Elton (1927) este concepto.

La red trófica está dividida en dos grandes categorías: la ***red de pastoreo o de herbívoros***, que se inicia con las plantas verdes, algas o plancton que realizan la fotosíntesis, y la ***red de detritos*** que comienza con los detritos orgánicos. Estas redes están formadas por cadenas alimentarias independientes. En la red de pastoreo los materiales pasan desde las plantas a los consumidores primarios (herbívoros) y de éstos a los consumidores secundarios (carnívoros). En la red de detritos, los materiales pasan desde los detritos de plantas y animales a los detritívoros o descomponedores y de ellos a sus depredadores (carnívoros) (Figura 14.2).

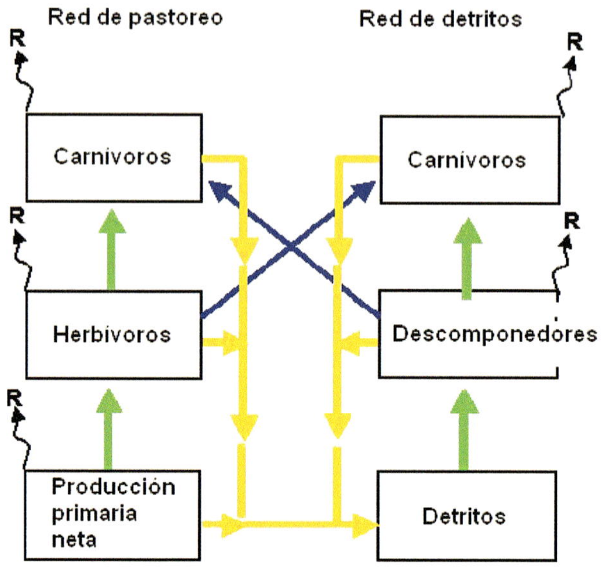

FIGURA 14.2. Conexiones entre las redes tróficas de pastoreo y de detritos.

Por lo general, entre las redes tróficas existen muchas interconexiones. Por ejemplo, los hongos que descomponen la materia en una red de detritos pueden dar origen a setas que son consumidas por ardillas (*Sciurus vulgaris*), ratones (*Apodemus sylvaticus*) y ciervos (*Cervus* spp.) en una red de pastoreo. Los petirrojos (*Erithacus rubecula*) son omnívoros, es decir, consumen plantas y animales, y por esta razón están presentes en las redes de pastoreo y de detritos. Los petirrojos se suelen alimentar de lombrices de tierra (*Lumbricus terrestris*) que son detritívoras, que a su vez se alimentan de hojas en estado de putrefacción.

El tamaño, organización y estructura de las redes tróficas se halla influenciado por el ambiente, número de especies, así como por la relación entre niveles tróficos.

En el océano las cadenas tróficas empiezan con organismos fotosintéticos y terminan con los cetáceos con dientes (ballena blanca, narval, zifios, delfines, orcas, etc), peces, calamares gigantes, etc. Entre los ***organismos fotosintéticos*** (productores primarios) hay algas macroscópicas que pueden alcanzar tamaños de varias decenas de metros, pero la mayor parte de la producción primaria la realizan algas microscópicas, fitoplancton, que viven cerca de la superficie de las aguas, hasta donde penetra la luz. El fitoplancton alimenta al zooplancton y los dos nutren a un amplio grupo de animales ***filtradores***. Muchos animales tan distintos como las ballenas filtradoras (ballenas grises, rorcuales, ballenas groenlandesas, etc), los moluscos bivalvos (almejas, mejillones, etc.), y gran número de peces, se alimentan de los organismos microscópicos que recogen filtrando grandes cantidades de agua.

Los animales que se encuentran al final de la cadena trófica, como tiburones, atunes, delfines, cachalotes, etc. se alimentan de los organismos más pequeños. Los residuos orgánicos de los animales que viven cerca de la superficie se hunden hacia los fondos oceánicos y allí son el origen de la cadena trófica que permite vivir a los organismos que ocupan esos lugares.

14.2.1. Niveles tróficos

La red trófica se puede contemplar no sólo como un entramado de cadenas sino también como un conjunto de niveles tróficos o nutricionales basados en una fuente alimenticia común (Figura 14.2). Al ***primer nivel trófico*** pertenecen los ***productores*** (plantas verdes y el fitoplancton) que son los primeros productores de alimentos (componentes autótrofos del ecosistema). Después vienen los niveles tróficos de los consumidores (componentes heterótrofos del ecosistema). Dentro de estos niveles tróficos de consumidores se distinguen: los ***consumidores*** propiamente dichos o consumidores de materia fresca, que pueden ser primarios, secundarios o terciarios, y los ***descomponedores*** o ***detritívoros*** (***saprobios***) que consumen materia muerta (apartado 14.4.1).

En el ***segundo nivel trófico*** se sitúan los ***consumidores primarios*** que son consumidores de plantas verdes o ***herbívoros***, y viven de la materia orgánica que elaboran los productores. En el ***tercer nivel trófico*** se encuentran los ***consumidores secundarios o carnívoros primarios***, que son depredadores que se alimentan de los herbívoros. Éstos, a su vez, constituyen la fuente de energía para los ***consumidores terciarios o carnívoros secundarios,*** que son depredadores que se alimentan de otros depredadores, situándose en el ***cuarto nivel trófico***. Pueden continuarse sucesivamente hasta alcanzar un quinto o sexto nivel trófico en los que se sitúan los ***superdepredadores***.

En paralelo a estos consumidores se puede situar a los ***omnívoros***, los cuales incluyen en su alimentación no sólo productores, sino también a otros consumidores, como el oso o el jabalí, e incluso los propios seres humanos.

En una red trófica siempre están presentes los ***detritívoros*** o ***descomponedores*** (apartado 14.4.1) que son organismos que se alimentan de materia muerta o de restos orgánicos y pueden actuar en cualquier nivel trófico si las condiciones lo permiten. Ellos son los encargados de descomponer y mineralizar en su totalidad la materia orgánica muerta. Por ello, mediante este sistema de niveles tróficos, la utilización de los elementos químicos de la materia es cíclica, salvo en aquellos casos en que los elementos son retirados o acumulados, impidiéndose la descomposición e inclusión en dicho ciclo.

Los consumidores primarios son pequeños y abundantes, mientras que los animales de presa de mayor tamaño, que se hallan en el último nivel, son tan escasos que ya no constituyen una presa útil para otros. También, a medida que subimos en la escala de niveles tróficos, el número de depredadores es menor y son más grandes, feroces y ágiles. Por ejemplo, el trébol (*Trifolium* spp.) de una pradera constituye el alimento de un ratón de campo (*Apodemos sylvaticus*) que puede ser comido por una comadreja (*Mustela nivalis*); a ésta se la comería un ratonero común (*Buteo buteo*), pudiendo ser devorado a su vez por un águila imperial (*Aquila heliaca*). La energía alimentaria asciende desde la hierba hasta el águila. Existen en este ejemplo 4 niveles tróficos, desde el trébol hasta el águila, a los cuales habría que agregar la presencia de los descomponedores que pueden captar su energía de cualquiera de los niveles.

La Tierra tiene una capacidad de regeneración limitada. El equilibrio energético (y por tanto biológico) entre los seres vivos de cada ecosistema, se mantiene gracias a la existencia de las redes tróficas; aunque un ecosistema concreto pierda energía otro experimentará una ganancia, permitiendo finalmente que se mantenga el equilibrio global del mayor ecosistema, el del planeta Tierra. Cuando el factor especie humana entra en juego, esa capacidad reactiva equilibradora de las redes tróficas puede verse alterada, e incluso limitada, para realizar sus funciones dentro de parámetros aceptables. En ese entorno industrializado, cuando se extraen grandes cantidades de productos que quedan excluidos de las redes tróficas, algún eslabón de la red puede quedar modificado para tratar de compensar la pérdida; el resultado puede ser la desaparición o transformación en algo completamente distinto.

14.2.2. Pirámides tróficas

La red alimentaria de cualquier comunidad también puede ser concebida como una pirámide en la que cada uno de los escalones es más pequeño que el anterior, del cual se alimenta. Su esquematización se realiza mediante una serie de rectángulos distribuidos en niveles superpuestos (representativos de los niveles tróficos), con los productores colocados en la base y los consumidores de máximo rango en la cima. Todos los niveles aportan materia a los descomponedores, mientras que cada nivel vive a expensas del inferior. Según el parámetro tenido en cuenta (número de individuos, energía, materia,...) se construyen pirámides de números, biomasa o energía:

Pirámide de números: número de organismos presentes en cada nivel trófico de un ecosistema determinado. Son poco significativas, y por tanto este esquema es poco utilizado por su poca representatividad, precisamente por las notables diferencias físicas entre individuos ya que no tienen en cuenta el tamaño de los organismos; por ejemplo, un ciervo contaría como un saltamontes en el nivel de los herbívoros. También en muchos casos están invertidas, como ocurre con un árbol, que sustenta a muchas aves, insectos, mamíferos, etc., y por otro lado no son indicativas del flujo de materia y energía que caracteriza a un ecosistema.

Pirámide de biomasa (g/m^2): la abundancia se estima en biomasa (Figura 14.3). Representan la masa total de los seres vivos que existe en cada nivel trófico o lo que es lo mismo la cantidad de materia orgánica acumulada en cada nivel. Se mide en gramos o kilogramos de todos los individuos, o en calorías o kilocalorías (contenido energético), uno u otro referidos a una unidad de superficie en centímetros cuadrados, metros cuadrados o hectáreas. Es importante disponer de datos de un ecosistema a lo largo del tiempo, ya que en ciertos instantes la biomasa de los herbívoros puede ser superior a la de productores y la pirámide puede estar invertida.

Pirámide de energía (kcal/m^2 año): la abundancia se estima en unidades de producción (Figura 14.4). Están referidas a la cantidad de energía almacenada en cada nivel y la que pasa al nivel siguiente. Es un tipo de representación más complejo que los anteriores, pero que proporciona más información. En ella se muestra un rectángulo de longitud proporcional a la energía en kilocalorías por metro cuadrado, que se produce al quemar la materia orgánica del nivel por unidad de tiempo. Esta pirámide no puede invertirse en ningún caso, ya que la energía que posee un nivel que sustenta a otro superior siempre tiene que ser mayor.

Las pirámides de biomasa son muy útiles para mostrar la biomasa en un nivel trófico (Figura 14.3). En la base están los productores, que se nutren de los minerales del suelo, en parte procedentes de la actividad de los organismos descomponedores, y a continuación se van sucediendo los diferentes niveles de consumidores primarios, secundarios, terciarios, etc.

La biomasa de los niveles tróficos decrecen rápidamente a medida que aumenta el nivel. Así, por ejemplo, con 8 toneladas de hierba se alimenta una tonelada de vacas, y con una tonelada de vacas se alimenta una persona de unos 48 kg durante toda su vida.

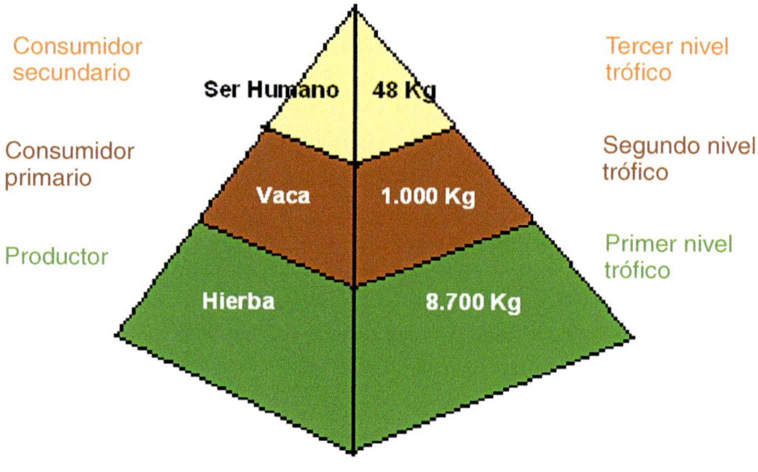

FIGURA 14.3 Pirámide de biomasa.

Las cadenas alimentarias marinas se presentan como una pirámide en la que la base es el fitoplancton y la cúspide los últimos carnívoros; sin embargo, las relaciones tróficas de las comunidades marinas suelen ser complejas por la tendencia de los organismos de niveles tróficos más altos a alimentarse alternativamente de niveles más bajos y de otros del mismo nivel. Por ejemplo, el arenque (*Clupea harengus*) que es uno de los peces de mayor importancia como alimento para el ser humano, disminuye el riesgo de muerte por falta de alimento por la existencia en su dieta de organismos alternativos y por su habilidad para conseguir alimento de su mismo nivel trófico.

Hay algunas excepciones al esquema de pirámide de biomasa, ya que se puede presentar una ***pirámide de biomasa invertida***. Una de ellas se encuentra en ecosistemas acuáticos, cuando la diferencia de tasa de renovación entre dos niveles tróficos sucesivos es muy grande, y no se produce esta reducción de la biomasa. Así sucede en algunos sistemas planctónicos en los que la masa de fitoplancton puede soportar la mayor biomasa del siguiente nivel trófico solamente porque puede reproducirse tan rápidamente como es consumido, pudiéndose duplicar en 24 horas, y 1 kg de fitoplancton puede alimentar a más de 1 kg de zooplancton. De esta manera, nunca se consume el fitoplancton existiendo una pirámide invertida. Igual ocurre con las algas macroscópicas ya que del mismo modo se reproducen rápidamente a medida que son consumidas.

14.2.3. Biomagnificación

Cualquier sustancia que se consuma y no intervenga en la respiración, ni sea fácilmente excretada, se considera un contaminante y tiende a concentrarse en los tejidos de los organismos en niveles tróficos sucesivos. Este fenómeno de concentración de contaminantes en la cadena alimentaria, es conocido como ***biomagnificación*** o ***magnificación biológica***.

Los contaminantes se asemejan, químicamente, a nutrientes inorgánicos esenciales por lo que son incorporados y almacenados por error. En la pirámide de biomasa se ha visto que relativamente poca energía pasa de un nivel trófico al siguiente. Esto significa que un consumidor, de cualquier nivel, tiene que consumir mucha biomasa del nivel trófico inferior. Si esa biomasa contiene el contaminante, este será consumido en grandes cantidades por el consumidor. Este es el primer paso de la biomagnificación y el contaminante se encuentra a una concentración mayor dentro del productor que en el ambiente. La segunda etapa de la biomagnificación sucede cuando es comido el productor. Con mucha frecuencia, esto va en detrimento de los organismos en los cuales se concentran estos materiales ya que casi siempre las sustancias contaminantes son tóxicas.

En general los contaminantes que dan lugar a la biomagnificación son solubles en grasas, como el plagicida DDT. Estos materiales son adquiridos a través de los productores y se mueven a la grasa de los consumidores. Si el consumidor es capturado y comido, su grasa es digerida y el contaminante se traslada a la grasa del nuevo consumidor. De esta manera, aumenta la concentración del contaminante en los tejidos grasos de los consumidores. Usualmente los contaminantes solubles en agua no puede biomagnificarse de esta manera debido a que se disuelven en los fluidos corporales del consumidor. Ya que todos los organismos pierden agua al ambiente, estos contaminantes se excretan junto con el agua.

Como resultado de la biomagnificación se han encontrado elevadas concentraciones de contaminantes como plaguicidas persistentes, metales pesados y materiales radioactivos en muchos organismos superiores incluido el ser humano.

14.2.4. Flujo de energía en la red trófica

Cualquier red o cadena trófica es esencialmente un sistema de transferencia de energía. Las numerosas cadenas y sus interconexiones contribuyen a que las poblaciones de presas y depredadores se ajusten a los cambios ambientales y, de este modo, proporcionan una cierta estabilidad al sistema.

La energía que las plantas han almacenado como biomasa se transfiere al segundo nivel trófico que comprende los herbívoros que pastan. Si bien, la mayor parte de la energía asimilada en el segundo nivel trófico se pierde en forma de calor en la respiración, una porción se convierte en biomasa que se transferirá al siguiente nivel trófico y así sucesivamente. En cada nivel trófico los organismos convierten menos energía en biomasa que la que reciben. La transferencia de energía de un nivel trófico a otro no es totalmente eficiente, ya que:

- no todos los organismos en los niveles inferiores son comidos.
- no todo lo que es comido es digerido.
- siempre se pierde energía en forma de calor.

Por lo tanto, cuantos más pasos se produzcan entre el productor y el consumidor final, la energía que queda disponible es menor de modo que la energía siempre decrece de un nivel trófico al siguiente. Esto explica porqué las cadenas alimentarias no tienen más de cuatro o cinco eslabones: no hay suficiente energía por encima de los depredadores de la cúspide de la pirámide como para mantener otro nivel trófico, y rara vez existen más de cuatro o cinco eslabones en una red trófica. Con el tiempo, toda la energía que fluye a través de los niveles tróficos se pierde en forma de calor (Figura 14.4). Diversos estudios revelan, en forma global y aproximada, que sólo el 10% de la energía disponible de un nivel trófico es incorporado en el siguiente, conociéndose como Ley del 10%.

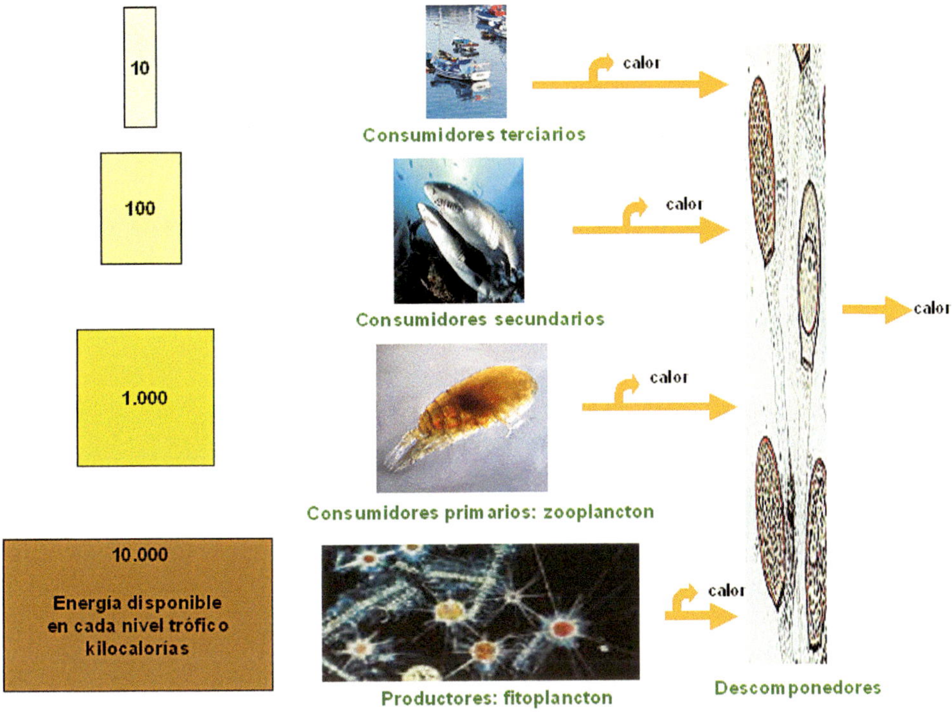

FIGURA 14.4. Pirámide de energía.

En el flujo de energía y de nutrientes inorgánicos, es posible hacer algunas generalizaciones:

- La fuente primaria de energía es el Sol en la mayoría de los ecosistemas.
- El destino final de la energía en los ecosistemas es perderse como calor.
- La energía y los nutrientes pasan de un organismo a otro a través de la cadena alimentaria a medida que un organismo se come a otro.

- Los descomponedores extraen la energía que permanece en los restos de los organismos.
- Los nutrientes inorgánicos son reciclados pero la energía no.

Se puede sacar la conclusión de que el ciclo de materia es cerrado mientras que el flujo de energía es abierto.

14.3. EFICIENCIA ECOLÓGICA, EE

Entre niveles tróficos se transfiere la biomasa con mayor o menor aprovechamiento, ya que no todos los organismos consumidores muestran la misma eficiencia en la transformación de la energía consumida en producción secundaria, incluso consumiendo los mismos tejidos. De este modo el flujo de energía por el ecosistema dependerá de la eficacia con que los organismos exploten sus recursos alimentarios y lo conviertan en biomasa. Este flujo se cuantifica mediante la eficiencia ecológica.

La ***eficiencia ecológica***, **EE**, es el aprovechamiento de la energía que se transfiere de un nivel trófico (n-1) al siguiente (n), y puesto que en la transferencia siempre se disipa calor será mayor cuanto menor sea la pérdida.

La eficiencia ecológica, EE, se puede cuantificar obteniendo la proporción entre la producción en un nivel trófico y la del nivel inferior, P_n/P_{n-1}. Además en el paso de un nivel al siguiente actúan una serie de procesos con pérdidas de energía, que también las podemos cuantificar por sus eficiencias: eficiencia de consumo o explotación, eficiencia de asimilación y eficiencia de producción bien sea bruta o neta (Figura 14.5).

Eficiencia de consumo o explotación **(EC)**: medida de la eficiencia de la energía ingerida (I) de un nivel trófico inferior.

$$EC = I/P_{n-1}$$

Eficiencia de asimilación **(EA)**: medida de la eficiencia con la que el consumidor asimila la energía (A) de lo que ingiere.

$$EA = A/I$$

***Eficiencia de producción neta* (EPn)**: Eficiencia con la que el consumidor incorpora la energía asimilada (A) en forma de producción secundaria (P_n). Porcentaje de energía asimilada que es gastada en crecimiento, almacenamiento y reproducción.

$$EP_n = P_n/A$$

***Eficiencia de producción bruta* (EPb)**: Representa la eficiencia global de producción de biomasa dentro de un mismo nivel trófico.

$$EPb = A/I \times P_n/A = P_n/I$$

***Eficiencia ecológica* (EE)**: Es el producto de las eficiencias con las que los organismos explotan sus recursos alimentarios y los convierten en biomasa, o porcentaje de energía transferida de un nivel trófico al siguiente. (Se explota entre un 5 y un 20%).

$$EE = \text{Producción del consumidor / Producción de la presa} =$$
$$P_n/P_{n-1} = EC \times EA \times EPn =$$
$$(I/P_{n-1}) \times (A/I) \times (P_n/A)$$

La eficiencia ecológica también varía entre los distintos niveles, siendo más alta en los niveles inferiores de la cadena alimentaria donde los organismos más pequeños destinan proporcionalmente la mayor parte de su ingesta de alimentos al crecimiento y una menor proporción al mantenimiento. Las enfermedades, la mortalidad y la contaminación, entre otros, también pueden influir en la eficiencia ecológica.

De la EE de diferentes niveles tróficos surge una estructura piramidal en muchos ecosistemas y la longitud de las cadenas tróficas está limitada por el flujo de energía: si la EE de la producción primaria es un 1% (Tema 13) y cada eslabón de la cadena transfiere al siguiente sólo un 10% debe existir un máximo de eslabones de las cadenas tróficas.

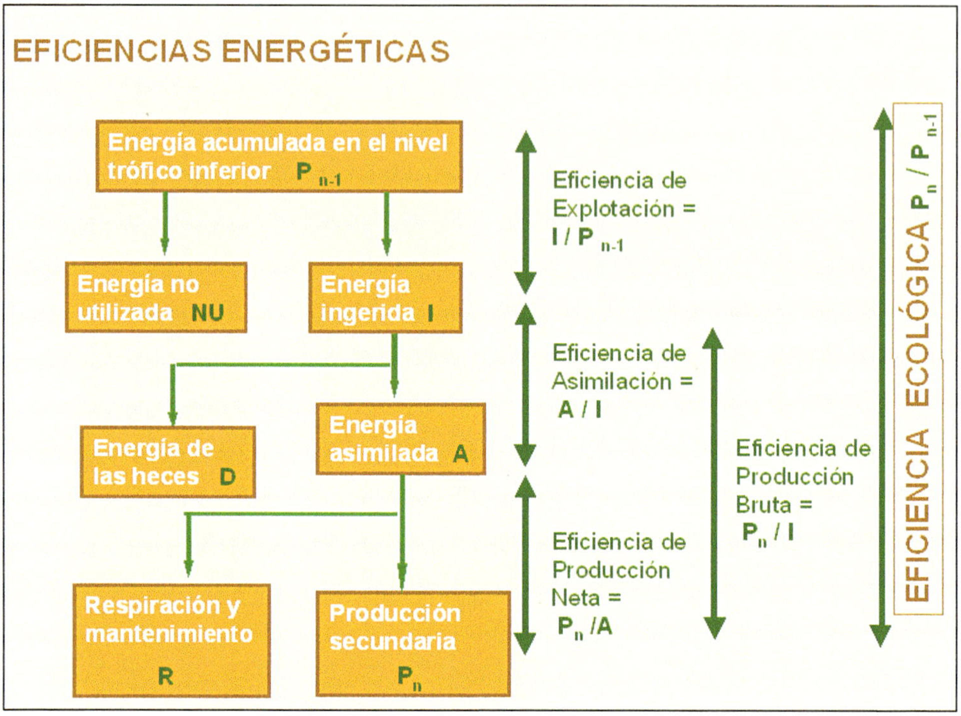

FIGURA 14.5. Eficiencias energéticas de un nivel trófico al siguiente.

14.4. DESCOMPOSICIÓN

Sin muerte no hay vida en los ecosistemas, pero ¿qué sucede con los restos de los seres vivos cuando mueren y con los desechos que eliminan a lo largo de su vida? La respuesta es sencilla ya que comienza un proceso de descomposición mediante el cual se convierte la materia muerta (hojarasca que se pudre en el suelo, cadáveres, etc.) en moléculas inorgánicas simples, manteniendo de este modo el funcionamiento ecosistémico.

La ***descomposición*** es básicamente la oxidación de materia orgánica de alta energía a CO_2, agua y nutrientes inorgánicos.

$$\text{materia orgánica} + O_2 \rightarrow CO_2 + H_2O + \text{materia inorgánica} + \text{energía}$$

Esta descomposición es realizada por descomponedores o detritívoros, y esta materia mineral estará disponible para los productores primarios, que junto con la luz dará lugar de nuevo a materia orgánica. De esta forma se reanuda el ciclo cerrado de la materia.

Cabe recordar que al proceso de conversión de materia orgánica en materia inorgánica se denomina ***mineralización***, mientras que al proceso por el que los productores extraen nutrientes del suelo de denomina ***inmovilización***, por lo que la ***mineralización neta*** será igual a la ***tasa de mineralización*** menos la ***tasa de inmovilización*** (Tema 3).

Por lo general no toda la materia orgánica es reciclada existiendo una tasa de descomposición afectada por multitud de variables, como son la humedad, la temperatura, la composición específica del detrito, etc. A veces ocurre que los nutrientes quedan inmovilizados y no son mineralizados ya que los descomponedores utilizan el nutriente para su crecimiento poblacional y la producción primaria puede verse afectada. Por ello en el medio terrestre tras la descomposición queda el humus, siendo un material de muy baja energía. Si las circunstancias locales no son apropiadas para la descomposición se forman bolsas de materia rica en energía que, al no haber sido completamente mineralizadas, constituyen las reservas de petróleo y carbón.

14.4.1. Descomponedores o detritívoros

Los ***descomponedores o detritívoros*** son los encargados de descomponer y mineralizar en su totalidad la materia orgánica muerta o ***detrito***. Son agentes necesarios para el retorno de los elementos, que de no ser por ellos se acumularían en cadáveres y restos orgánicos sin volver a las estructuras vivas. Gracias a su actividad se cierran los ciclos de los elementos.

Los descomponedores o detritívoros pueden ser macroscópicos o microscópicos. Los macrodescomponedores (a veces denominados simplemente detritívoros), fragmentan y aceleran la descomposición del detrito proporcionando más superficie libre para que actúen los microdescomponedores (a veces denominados simplemente descomponedores). Por tanto los primeros potencian y aceleran la acción de estos últimos. Ambos organismos tienen gran importancia en la asimilación de los restos de la red trófica.

Los ***macrodescomponedores (detritívoros)***, son consumidores de materia muerta, tales como cadáveres, residuos o excrementos y descomponen parte de esa materia. Según el origen y estado de la materia se clasifican en carroñeros o necrófagos, saprófagos y coprófagos:

- ***Carroñeros*** o ***necrófagos***: son animales que se alimentan de cadáveres frescos y materia vegetal muerta; son ejemplo de ellos los buitres, chacales, hienas o larvas de insectos o termitas (Figura 14.6).
- ***Saprófagos***: son consumidores en su mayoría herbívoros, que se alimentan de restos vegetales descompuestos aunque a veces de restos animales, como por ejemplo de las lombrices de tierra.
- ***Coprófagos***: son consumidores que se alimentan de los excrementos de otros animales, por ejemplo los escarabajos.

FIGURA 14.6. Buitre (*Gyps fulvus*); carroñero o necrófago.

Los ***microdescomponedores (descomponedores)*** son los saprófitos encargados de descomponer y mineralizar en su totalidad la materia orgánica muerta, que ya ha sido más o menos alterada por los macrodescomponedores.

Al grupo de microdescomponedores pertenecen las bacterias (descomponen materia animal) y los hongos (descomponen materia vegetal) encargados de consumir los últimos restos orgánicos de productores y consumidores muertos y mineralizar la materia orgánica para ser convertida en humus. Su función es esencial, pues convierten la materia muerta en moléculas inorgánicas simples. En el proceso se libera CO_2, NH_3, H_2S y diferentes iones. Los iones reaccionan con los componentes del suelo convirtiéndolos en sales minerales que pasan a formar parte del suelo, los cuales serán posteriormente absorbidas por los autótrofos al disolverse en el agua.

Otro grupo de descomponedores o detritívoros son los ***microbívoros***, que consumen tanto biomasa microbiana como materia orgánica muerta, alimentándose de partículas detríticas, y principalmente de los propios descomponedores, las bacterias y hongos, que crecen sobre ellas.

En ecosistemas terrestres, bacterias y hongos son los principales agentes del reciclaje de la materia orgánica y en ecosistemas acuáticos son el fitoplancton y el zooplancton quienes desempeñan el papel principal en dicho reciclaje, junto con las bacterias.

EJERCICIOS DE AUTOCOMPROBACIÓN

1. ¿Qué diferencia existe entre producción primaria y secundaria?
2. Proponer un ejemplo de una cadena trófica y otro de una red trófica.
3. Explicar la importancia de las pirámides tróficas.
4. ¿Cuál es el significado de eficiencia ecológica? ¿Cómo se cuantifica?
5. ¿Cómo podría verse afectada una red trófica por la utilización de pesticidas?
6. ¿Cuál es el papel de los descomponedores o detritívoros en términos de reciclado de nutrientes?

CICLO DE MATERIA EN LOS ECOSISTEMAS. CICLOS BIOGEOQUÍMICOS

15

Cianobacterias.

SUMARIO

OBJETIVOS

1. Establecer la importancia del ciclo de la materia para la sostenibilidad de los ecosistemas.

2. Relacionar el ciclo de la materia con el flujo de nutrientes entre compartimentos dentro de un ecosistema.

3. Describir los ciclos biogeoquímicos de los principales elementos: carbono, nitrógeno, oxígeno, fósforo, azufre y metales pesados.

4. Analizar los ciclos biogeoquímicos en sus diferentes etapas de la cadena trófica.

5. Relacionar la influencia de los efectos antropogénicos sobre los diferentes ciclos biogeoquímicos.

15.1. CICLO DE MATERIA EN LOS ECOSISTEMAS

La Tierra es un sistema cerrado para la materia, excepto para pequeñas cantidades de partículas cósmicas que entran en la atmósfera terrestre, o de tarde en tarde, materiales sólidos, como los meteoritos, que se precipitan sobre su superficie. Ello significa que todos los elementos necesarios para la estructura y los procesos químicos de la vida provienen de los elementos que estaban presentes cuando la Tierra se formó hace 4.500 millones de años. Estos elementos hacen continuamente un recorrido cíclico a través de los ecosistemas, atmósfera, hidrosfera y geosfera, en escalas de tiempo que van desde pocos días a millones de años.

Muchos de ellos son elementos traza que no influyen en los procesos biológicos, pero otros son componentes esenciales de todos los seres vivos, y puesto que estos elementos son componentes clave de la vida deben de estar asequibles para su continuidad.

En los temas 13 y 14 se ha visto que el flujo de energía en el ecosistema es abierto, puesto que al ser utilizada en el seno de los niveles tróficos para el mantenimiento de las funciones vitales de los seres vivos se degrada y disipa en forma de calor, no sigue un ciclo y fluye en una sola dirección. Por el contrario, el flujo de materia es cerrado ya que los nutrientes (Tema 3) se reciclan. Este reciclaje es fundamental por dos razones: evitar que los residuos causen problemas y asegurar que el ecosistema no se quede sin elementos esenciales. Esta es la base del ***primer principio de sostenibilidad de los ecosistemas:***

Los ecosistemas para su sostenibilidad reciclan todos los elementos de modo que se libran de los desechos y reponen los nutrientes.

El ***ciclo de materia*** comienza cuando las plantas transforman la materia inorgánica en orgánica y acaba cuando los descomponedores transforman la materia orgánica en inorgánica (Tema 14). Los procesos implicados en estas transferencias son biológicos, tales como la respiración, transpiración, fotosíntesis y descomposición; geológicos como erosión, formación de suelos y sedimentación; y químicos que consisten básicamente en reacciones de oxidación-reducción.

En los océanos al igual que en la tierra se lleva a cabo un intercambio mineral. El alimento se acabaría pronto si no fuese por las corrientes que provocan las subidas de agua. Las corrientes superficiales y las diferencias de temperatura en el agua causan que las aguas más profundas suban periódicamente a la superficie. Estas subidas acarrean minerales y sustancias esenciales a la superficie donde son utilizadas por todos los tipos de vida marina. En las áreas de subidas hay muchos peces que son atraídos por la gran abundancia del alimento. Por otro lado, muchos animales que viven en el fondo de los océanos se alimentan de organismos muertos que llegan de zonas más superficiales y en el lodo del fondo del océano existen bacterias que degradan los organismos muertos que han llegado hasta allí.

El que exista un ciclo de materia cerrado impulsó a J. Lovelock y a L. Margulis, en 1969, a postular la teoría o hipótesis Gaia (Tema 1) en la que se considera la homeostasis biogeoquímica global.

Según esta teoría Gaia es el conjunto de la biosfera, atmósfera, océanos y suelo y es como un ser vivo capaz de autorregularse a fin de mantener las condiciones óptimas para la vida.

Aunque no se han descubierto los mecanismos de control, se supone que los microorganismos son las únicas formas de vida que pueden funcionar como un quimiostato. La hipótesis de Gaia no ha sido aceptada por todos los ecólogos, pero nos ayuda a entender el comportamiento de los ecosistemas y las interacciones de la circulación biogeoquímica.

15.2. CICLOS BIOGEOQUÍMICOS

Como se acaba de ver, los ciclos de la materia consisten en transferir los elementos químicos desde los sistemas biológicos a los geológicos, y viceversa, e incluyen una gran variedad de procesos biológicos, geológicos y químicos por lo que se les denomina ***ciclos biogeoquímicos***, los cuales guardan y transportan estos elementos tan importantes para que puedan ser utilizados por los organismos vivos. En Ecología se define ciclo biogeoquímico como el circuito donde un nutriente se mueve entre los componentes abiótico y biótico de los ecosistemas.

La energía solar que permanentemente incide sobre la corteza terrestre, permite mantener el ciclo de los nutrientes y el mantenimiento del ecosistema. Por tanto estos ciclos son activados directa o indirectamente por la energía que proviene del Sol.

Cada ciclo tiene diferentes rutas y diferentes ***reservorios***, o lugares de almacenamiento, también llamados ***reservas***, ***fuentes*** o ***compartimentos***, donde los elementos pueden permanecer durante periodos cortos o largos de tiempo (Figura 15.1). Los átomos de carbono en los sedimentos de las profundidades del océano pueden permanecer cientos o miles de años hasta que el ciclo se completa. Sin embargo, una molécula de agua reside en la atmósfera unos diez días, por término

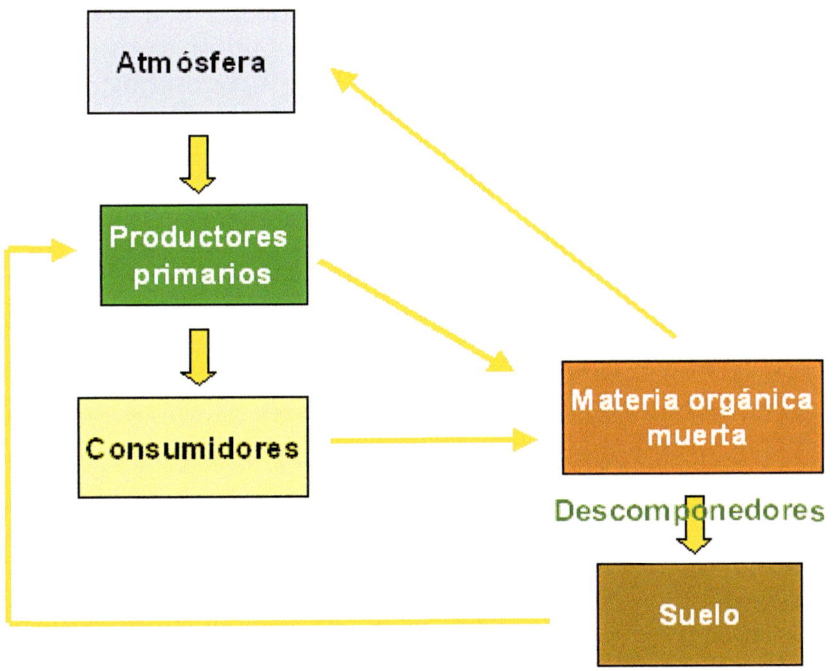

FIGURA 15.1. Flujo de nutrientes entre compartimentos dentro de un ecosistema.

medio, hasta que regresa a la tierra en forma de lluvia, aunque haya sido transportada a gran distancia. Ello depende de la reactividad química de los elementos y de si pueden o no encontrarse en estado gaseoso, ya que la fase gaseosa permite un fácil transporte, lo que no puede hacer, por ejemplo, el fósforo que por eso se mueve muy lentamente a través de su ciclo.

La biosfera constituye la reserva biótica de los elementos y trata de retenerlos el mayor tiempo posible en sus estructuras. Los ciclos biogeoquímicos de los elementos comprenden una serie de caminos realizados por la materia que escapa de la biosfera a través de otros sistemas, como la atmósfera, la hidrosfera o litosfera, antes de regresar a ella.

Durante millones de años los ciclos biogeoquímicos se han repetido sin cesar, dando lugar a un determinado equilibrio ecológico que ha condicionado las distintas formas de vida que actualmente se conocen sobre la Tierra. Los ciclos biogeoquímicos están perfectamente regulados por diversas realimentaciones y en ellos se encuentran implicados el ciclo del agua (Tema 3) o los procesos vitales de fotosíntesis y respiración.

A partir de la revolución industrial, a principios del siglo XX, las actividades humanas relacionadas con el uso de los recursos naturales han dado lugar a importantes alteraciones del entorno físico y biológico que ponen en peligro el mantenimiento del equilibrio y la producción sostenida de los ecosistemas naturales. Las actividades humanas tienden a alterar los ciclos biogeoquímicos poniendo en peligro sus delicados mecanismos de autorregulación. Ejemplo de ello es la extracción de los elementos de sus fuentes o reservorios para después depositarlos como residuos, hecho frecuente en la industria minera, en la extracción de combustibles fósiles, o en la tala de árboles indiscriminada, arrancando billones de toneladas de la profundidad de la Tierra.

Básicamente hay dos tipos de ciclos biogeoquímicos: los de tipo sedimentario y los de tipo gaseoso.

Los ***ciclos de tipo sedimentario*** están íntimamente ligados al ciclo hidrológico (Tema 3). En ellos los nutrientes circulan principalmente por la corteza terrestre (suelo, rocas, sedimentos, etc.), la hidrosfera y los organismos vivos. Los elementos en este tipo de ciclos son generalmente reciclados mucho más lentamente que en el ciclo gaseoso, además el elemento se transforma químicamente y biológicamente en un mismo lugar geográfico. Los elementos son retenidos en las rocas sedimentarias durante largo periodo de tiempo con frecuencias de miles a millones de años. Ejemplos de este tipo de ciclos son el del fósforo y el del azufre (también es gaseoso).

En los ***ciclos de tipo gaseoso*** los nutrientes circulan principalmente entre la atmósfera y la biosfera. En la mayoría de estos ciclos los elementos son reciclados rápidamente, con frecuencia de horas o días. Este tipo de ciclo se refiere a que la transformación de la sustancia involucrada cambia de ubicación geográfica y que se fija a partir de una materia prima gaseosa. Ejemplos de ciclos gaseosos son el del carbono, el nitrógeno y el oxígeno.

Ambos tipos de ciclos están íntimamente relacionados con la distribución de los seis elementos más importantes: hidrógeno, carbono, oxígeno, nitrógeno, fósforo y azufre, ya que estos elementos representan el 95% de los constituyentes de la materia viva. Aunque en la corteza terrestre existe abundancia de estos elementos, la disponibilidad de los mismos es limitada, ya que no siempre están en la forma química adecuada para que puedan ser asimilados por los diferentes seres vivos, por ello han de reciclarse continuamente para que sean accesibles.

15.3. CICLO DEL CARBONO

El ***carbono*** en un elemento esencial de la biosfera ya que es el componente principal de la materia viva. El carbono se encuentra en la atmósfera formando tres tipos de compuestos: dióxido de carbono, CO_2, monóxido de carbono, CO y metano, CH_4; en la litosfera está presente formando parte de las rocas en forma de carbonatos metálicos, como el carbonato cálcico, $CaCO_3$, los silicatos cálcicos o en forma de combustibles fósiles; aparece también en la hidrosfera como dióxido de carbono disuelto y como iones carbonato, CO_3^{2-}, o bicarbonato, HCO_3^-.

Los océanos contienen el 71% de los recursos de carbono del Planeta, fundamentalmente en forma de carbonatos y bicarbonatos; un 3% se encuentra en el fitoplancton y la materia orgánica muerta, otro 3% en los bosques, un 1% se utiliza en la fotosíntesis, y se encuentra circulando en la atmósfera, y el 22% restante permanece fuera del ciclo en forma de combustibles fósiles y depósitos calizos.

El ciclo del carbono es de suma importancia para la regulación del clima, así como para el proceso de fotosíntesis. Mediante la ***fotosínte-***

sis (Temas 4 y 12), el carbono, en forma de CO_2, es retenido por las plantas pasando a formar parte de las moléculas biológicas vitales. La fotosíntesis moviliza al año el 5% del CO_2 atmosférico, lo que significa que en 20 años lo renueva totalmente, y se estima que la vegetación terrestre asimila del orden de 110 billones de kilos de carbono. Dentro de la biosfera, los animales se alimentan de plantas. Este alimento se oxida biológicamente para producir dióxido de carbono y agua. Este proceso se denomina ***respiración*** y mediante el mismo el carbono es devuelto a la atmósfera. Por tanto, los animales de la tierra y del mar devuelven el CO_2 a la atmósfera y a la hidrosfera.

$$(CH_2O)_n + O_2 \rightarrow CO_2 + H_2O$$

El ciclo del carbono se completa gracias a los organismos descomponedores mediante un proceso de oxidación biológica que se efectúa en los suelos de la litosfera y en ciertas regiones de la hidrosfera, e incluye la mineralización y la descomposición de materia muerta vegetal o animal (putrefacción). Por lo general, esta descomposición se logra mediante microorganismos y bacterias, y en la mayoría de los casos se produce CO_2 y H_2O.

Como resultado de los fenómenos geológicos que se produjeron hace millones de años, algunos conjuntos de organismos quedaron atrapados dentro de la litosfera, formando una mezcla de hidrocarburos que se han transformado, por medio de la presión y calor, en depósitos de carbón, petróleo y gas natural que son los denominados ***combustibles fósiles***. El ser humano al quemar estos combustibles libera gran cantidad de CO_2 a la atmósfera y, por tanto, desequilibra el ciclo de este elemento. También se vierte a la atmósfera CO_2 de forma natural mediante las erupciones volcánicas.

Otras actividades antropogénicas pueden llegar a alterar significativamente los niveles de CO_2 atmosférico. Una de ellas es la ***deforestación***, principalmente en zonas tropicales, y se estima que por esta causa se emite un 30% de CO_2 de las emisiones totales, al quemar la biomasa. Todo ello hace que el balance del carbono en la biosfera quede seriamente mermado.

De forma independiente al ciclo del carbono terrestre, tiene lugar también otro ciclo de características similares en el océano. Ello es lógico puesto que contiene grandes cantidades de CO_2 disuelto, esti-

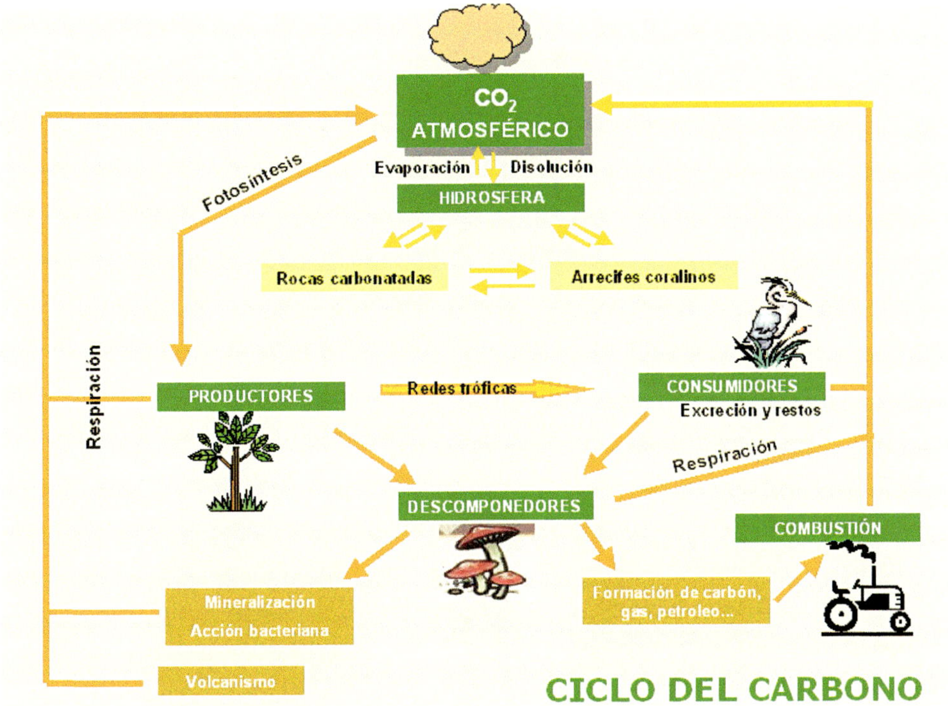

FIGURA 15.2. Ciclo del carbono.

mándose que un 50% del CO_2 emitido a la atmósfera es atrapado por el océano.

Otros gases que participan en el ciclo del carbono son el metano, CH_4, y el monóxido de carbono, CO, que también están presentes en la atmósfera aunque en concentraciones mucho menores. El CH_4 tiene un origen natural, pues se forma a partir de procesos de fermentación anaeróbica en zonas húmedas, que contienen poco oxígeno disuelto (pantanos, arrozales, bosques húmedos, etc.) y se produce también en la fermentación intestinal en animales.

Todos estos fenómenos originan la mitad de metano presente en la atmósfera, la otra mitad es de origen antropogénico, sobre todo por la deforestación, ya que contribuye indirectamente a la emisión de CH_4 a causa de los procesos asociados a la combustión de biomasa.

La principal fuente de CO se debe a la vegetación debido a la oxidación. El resto de las cantidades emitidas de este gas está relacionada con las actividades humanas (combustión de carburantes fósiles, quema de biomasa, procesos industriales, etc.).

Cabe recordar que tanto el dióxido de carbono, CO_2, como el metano, CH_4, son dos de los principales gases de ***efecto invernadero*** (Tema 18).

15.4. CICLO DEL NITRÓGENO

El nitrógeno como el carbono, es un ingrediente básico de los organismos vivos. Se encuentra, por ejemplo, en el ADN, en las proteínas y en la clorofila. El nitrógeno comparte otra característica importante del carbono: su abundancia, representando el 78% de la composición de gases de la atmósfera, pero casi todo este nitrógeno atmosférico es dinitrógeno o nitrógeno molecular, en forma de dos átomos de nitrógeno unidos, $\mathbf{N_2}$.

El nitrógeno molecular no puede ser metabolizado por la mayoría de los organismos vivos. Sólo se hace biológicamente activo cuando se produce una ***fijación de nitrógeno*** y es convertido a distinta forma molecular, principalmente ion amonio, NH_4^+ y nitrato, NO_3^-. Se estima que anualmente se fijan alrededor de 4.000 millones de toneladas de nitrógeno en todo el planeta.

En la fijación biológica intervienen bacterias; las cianobacterias se encargan de esta función en el medio acuático, junto con el plancton marino, siendo las mayores fijadoras en amplias zonas oceánicas contribuyendo de forma importante a la cantidad total de nitrógeno fijado, mientras que en el medio terrestre lo realizan las bacterias simbióticas *Azotobacter* y las de los géneros *Rhizobium* y *Frankia* que viven formando nódulos en las raíces de las plantas, sobre todo leguminosas como el guisante, trébol o la alfalfa, y también determinadas algas, líquenes, etc. Las bacterias se alimentan de estas plantas, pero a cambio le entregan abundantes compuestos nitrogenados. Es muy común en agricultura cultivar leguminosas en determinados terrenos pobres en nitrógeno, o que han quedado agotados por otras cosechas, para permitir rotar los sembrados en el mismo lugar.

La asimilación de nitrógeno en procesos biológicos es catalizada por la enzima nitrogenasa, capaz de transformar el nitrógeno molecular en ion amonio, NH_4^+.

$$N_2 + 8\ H^+ + 6\ e^- \rightarrow 2\ NH_4^+$$

En el suelo, el ion amonio, NH_4^+, es oxidado por la intervención de bacterias nitrificantes, las cuales transforman esta especie química en nitrito y nitrato, dejando el suelo ácido.

$$2\ NH_4^+ + 2O_2 \rightarrow 2\ NO_2^- + 8\ H^+$$

$$2\ NO_2^- + O_2 \rightarrow 2\ NO_3^-$$

El proceso global denominado **nitrificación** es:

$$2\ NH_4^+ + 3\ O_2 \rightarrow 2\ NO_3^- + 8\ H^+$$

A su vez el nitrato puede disolverse en las aguas subterráneas y unirse con las aguas superficiales. Otra posibilidad es que los nitratos se vuelvan a transformar en nitrógeno, cerrándose el ciclo. Este proceso se denomina ***desnitrificación*** y hay bacterias que catalizan la oxidación de materia orgánica por parte del ion nitrato, con lo que éste a su vez se reduce, ya sea totalmente para dar nitrógeno gas, o bien parcialmente para dar óxidos nitrosos.

$$5\ C_6H_{12}O_6 + 24\ NO_3^- \rightarrow 30\ CO_2 + 18\ H_2O + 24\ OH^- + 12\ \mathbf{N_2} \uparrow$$

$$C_6H_{12}O_6 + 6\ NO_3^- \rightarrow 6\ CO_2 + 3\ H_2O + 6\ OH^- + 3\ \mathbf{N_2O} \uparrow$$

El óxido de dinitrógeno, N_2O, es un gas extremadamente estable que, una vez formado, se difunde hacia la atmósfera, donde inicia un largo recorrido durante el cual se irá transformando poco a poco a otros óxidos, como NO y NO_2, con las consecuencias que ello implica (formación de lluvia ácida, radicales libres, etc.).

El nitrógeno fijado también fluye a lo largo de la cadena alimentaria: primero es absorbido por las plantas, luego por los animales herbívoros y posteriormente por sus depredadores y parásitos. En cada nivel trófico se libera al ambiente nitrógeno por muerte o en forma de excreciones, que son utilizadas por los organismos descomponedores para realizar sus funciones vitales donde interviene el proceso de ***amonificación***. Según este proceso, se transforman los desechos de animales y los residuos de las plantas en ion amonio, NH_4^+. A través de este proceso se estima que se transforman al año del orden de 2.000 millones de toneladas de nitrógeno.

En resumen, los procesos principales que componen el ciclo del nitrógeno que pasa por la biosfera, la atmósfera y la geosfera son:

- Fijación del Nitrógeno.
- Nitrificación.
- Desnitrificación.
- Amonificación.

El proceso de fijación es lo que hace al ciclo del nitrógeno ser tan diferente al del oxígeno. A pesar de la abundancia de nitrógeno, el nitrógeno fijado a menudo escasea, por lo que la cantidad de nitrógeno disponible es un regulador importante en los procesos biológicos, y es un factor limitante de la productividad de muchos ecosistemas

El ciclo del nitrógeno puede ser desestabilizado por la contaminación del aire proveniente de los óxidos de nitrógeno generados en la

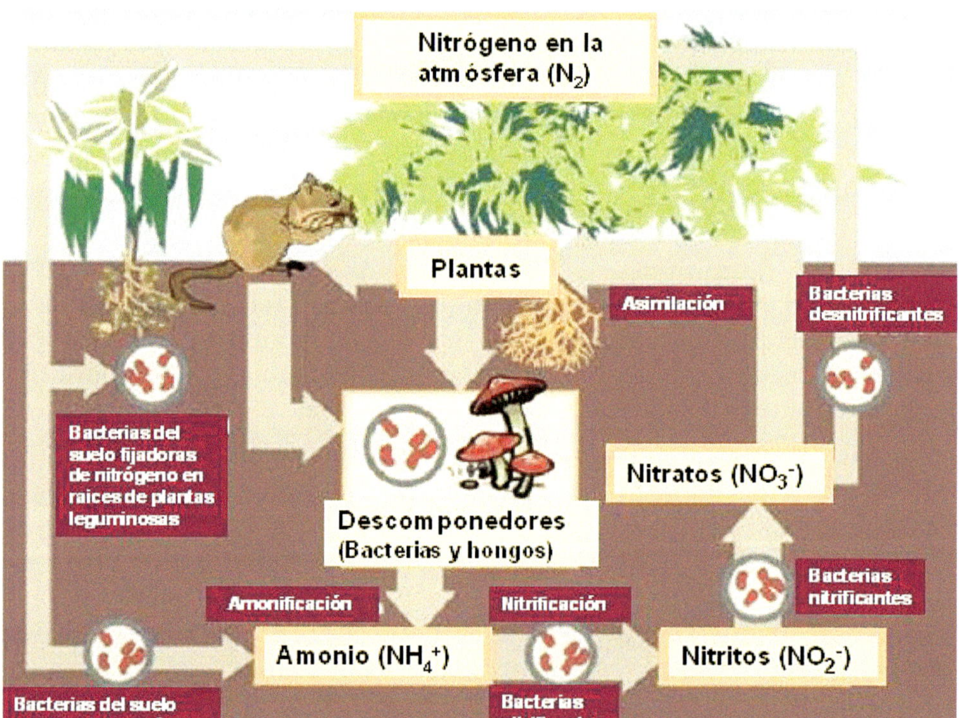

FIGURA 15.3. Ciclo del nitrógeno.

quema de combustibles fósiles, siendo el componente básico, junto con los óxidos de azufre, de las ***lluvias ácidas*** que afecta al suelo y a las aguas dulces en muchas partes del mundo. Las aguas cada vez más ácidas tienen menos formas de vida acuática. De forma similar, la acidificación de la tierra tiende a empobrecer los organismos del suelo. En parte se debe a que el ácido libera los iones de aluminio de la matriz mineral en la que está normalmente. El aluminio libre es tóxico para las plantas, y para muchos organismos acuáticos en los arroyos.

Por ejemplo, en medios de pH muy bajo el aluminio asociado a las partículas de arcilla se libera:

$$\underset{\text{partícula sólida}}{\text{X-Al} + H^+} \quad \underset{pH > 3}{\overset{pH < 3}{\rightleftharpoons}} \quad \underset{\text{disolución del suelo}}{Al^{3+} + \text{X-H}}$$

En la disolución del suelo, el Al^{3+} sufre una reacción de hidrólisis que genera más iones H^+:

$$Al^{3} + H_2O \rightleftharpoons Al(OH)^{2+} + H^+$$

La especie $Al(OH)^{2+}$ puede adsorberse al sólido, aunque también puede continuar hidrolizándose, aumentando de esta forma la acidez del medio:

$$Al(OH)^{2+} + H_2O \rightleftharpoons Al(OH)_2^{+} + H^+$$

$$Al(OH)_2^{+} + H_2O \rightleftharpoons Al(OH)_3 + H^+$$

El ácido nítrico también provoca la lixiviación de ciertos minerales, como el calcio, magnesio y potasio. Al reducirse su aportación, el crecimiento de las plantas se resiente y numerosas especies pueden desaparecer. Estos minerales se incorporan al suelo a través del desgaste de las rocas, en un proceso muy lento. La acidificación podría reducir la productividad de los suelos y algunos podrían ***envejecer*** por un periodo equivalente a 5.000 años. El exceso de nitrógeno en el suelo afecta también de otras maneras a campos y bosques, ya que, por ejemplo, puede reducir la resistencia al frío de ciertas especies y hacerlos más propensos a enfermedades o a la muerte durante el invierno.

El caso extremo son algunos cultivos, donde el exceso de fertilizantes podría jugar el papel de las lluvias ácidas. Tradicionalmente se han abonado los suelos con nitratos para mejorar los rendimientos agrícolas y durante muchos años se usaron productos naturales ricos en nitrógeno como el guano o el nitrato de Chile. Desde que se consiguió la síntesis artificial de amoníaco por el proceso de Haber fue posible fabricar abonos nitrogenados que se emplean actualmente en grandes cantidades en la agricultura, y ello conlleva, muchas veces, problemas de contaminación en las aguas: ***la eutrofización*** (enriquecimiento en nutrientes de las aguas que produce un crecimiento excesivo de algas y otras plantas acuáticas, las cuales al morir se depositan en el fondo de los ríos, embalses o lagos, generando residuos orgánicos que, al descomponerse, consumen gran parte del oxígeno disuelto y de esta manera pueden afectar a la vida acuática y producir la muerte por asfixia de la fauna y flora).

La desestabilización del ciclo del nitrógeno puede ser observada bien en los cultivos intensivos por un lado, que obligan a añadir fertilizantes nitrogenados para fertilizar las tierras, y bien la tala de árboles, por otro, ya que hacen descender el contenido de nitrógeno de los suelos. La estabilización del ciclo del nitrógeno es una tarea tan apremiante como la del ciclo del carbono. Una de las medidas a tomar será la de optar por una agricultura ecológica basada en cambiar los monocultivos por policultivos.

15.5. CICLO DEL OXÍGENO

El oxígeno y el nitrógeno son los dos gases más abundantes de la atmósfera, pero el primero, a diferencia del segundo, es mucho más reactivo. En la atmósfera se encuentra en forma molecular, O_2, (y formando parte del dióxido de carbono, CO_2, en el agua, H_2O y en el ozono, O_3. En la litosfera se encuentra en combinación con muchos metales formando óxidos o sales, como por ejemplo, óxido de hierro, Fe_2O_3 o carbonatos, CO_3^{2-}, sulfatos, SO_4^{2-}, etc. La hidrosfera contiene oxígeno en el estado combinado con el hidrógeno formando agua, H_2O. En la biosfera, el oxígeno es un elemento esencial en casi todos los compuestos químicos importantes desde el punto de vista biológico. El oxígeno es indispensable para la vida porque interviene en la respiración celular. El oxígeno que liberan las plantas en el aire proviene del agua absorbida por las raíces. Los seres vivos, al respirar, lo combinan con el carbono y lo devuelven a la atmósfera en forma de dióxido de carbono.

Las tres sustancias, agua, dióxido de carbono y oxígeno molecular, junto con las moléculas de los seres vivos, constituyen las principales sustancias que participan en el ciclo del oxígeno, el cual está íntimamente unido al ciclo del carbono y al ciclo del agua (ver Tema 3).

Los procesos de fotosíntesis y respiración que se efectúan en la biosfera estimulan el intercambio de oxígeno entre las diversas esferas del medio ambiente. Por cada molécula de oxígeno utilizada en la respiración celular, se libera una molécula de dióxido de carbono. Inversamente, por cada molécula de dióxido de carbono absorbida en la fotosíntesis, se libera una molécula de oxígeno. La cantidad de oxígeno que consumen los animales es muy similar a la aportada por la vegetación, por tanto no hay prácticamente ningún cambio en la cantidad de oxígeno en la atmósfera.

Una fuente adicional de oxígeno procede de la fotolisis del agua y óxido de dinitrógeno, por mediación de la radiación ultravioleta de alta energía:

$$2\ H_2O + h\nu \rightarrow 4\ H + O_2$$

$$2\ N_2O + h\nu \rightarrow 4\ N + O_2$$

Los átomos libres de H y N escapan al espacio dejando el O_2 en la atmósfera.

Parte del oxígeno molecular de las regiones más altas de la atmósfera se convierte en la fórmula molecular triatómica denominada **ozono, O_3**, mediante la siguiente ecuación:

$$3\ O_2 \xrightleftharpoons{\text{luz ultravioleta}} 2\ O_3$$

El ozono se descompone con rapidez para volver a formar oxígeno diatómico. Puesto que la capa superior de la atmósfera está expuesta a la luz solar de un modo continuo, existe una cantidad más o menos constante de ozono en una zona de la atmósfera superior llamada ozonosfera (aproximadamente a 50 Km de altura del suelo). Esta producción de ozono sirve de barrera química, que constituye una pantalla protectora de la superficie terrestre que la protege de la radiación ultravioleta de alta energía. Es la denominada ***capa de ozono.***

En la troposfera el ozono es creado a partir de las reacciones fotoquímicas de los óxidos de nitrógeno con el oxígeno del aire, formando, junto con otros contaminantes una neblina tóxica para la vegetación denominada ***smog***.

15.6. CICLO DEL AZUFRE

El azufre se encuentra almacenado principalmente en la hidrosfera en forma de sulfato, SO_4^{2-}. Los sulfatos son abundantes también en los suelos, porque aunque se pierdan por lixiviación de las tierras, son repuestos por las lluvias de forma natural. En la biosfera se presenta dentro de todos los organismos en pequeñas cantidades pero resulta imprescindible para la síntesis de ciertas moléculas orgánicas como las proteínas, vitaminas, etc. Sólo las plantas, bacterias y hongos son capaces de incorporarlos directamente en forma de SO_4^{2-} utilizable en síntesis vegetal. De esta forma pueden ser transferidos a los demás niveles tróficos. Los seres vivos al morir liberan ácido sulfhídrico, H_2S, a la atmósfera y a otros sistemas terrestres.

Algunos de los sulfatos presentes en la tierra son llevados al mar por los ríos, y este azufre es devuelto a la tierra por un mecanismo que consiste en convertirlo en compuestos gaseosos tales como H_2S y dióxido de azufre, SO_2. Estos penetran en la atmósfera y vuelven a tierra firme. Generalmente son lavados por las lluvias, aunque parte del dióxido de azufre puede ser directamente absorbido por las plantas desde la atmósfera.

En la profundidad de los océanos y lugares pantanosos en ausencia de O_2, el sulfato, SO_4^{2-}, es reducido a H_2S mediante la acción de bacterias sulfatorreductoras. Durante el proceso se libera oxígeno, que es aprovechado por otros organismos para la respiración. El ácido sulfhídrico, H_2S, así formado puede seguir dos caminos: uno ascendente, hasta alcanzar lugares oxigenados donde se oxida de nuevo a SO_4^{2-} mediante un proceso fotosintético o quimiosintético, en función de la presencia o ausencia de luz, y otro descendente, que combinándose con hierro precipita en forma de pirita, FeS_2.

El paso de H_2S del océano a la atmósfera sirve para compensar las pérdidas de SO_4^{2-}. Las elevadas concentraciones de H_2S producen el típico olor a huevos podridos, pero en pequeñas concentraciones provocan un agradable olor a mar.

En la atmósfera el H_2S se oxida rápidamente por los iones OH^- formando ácido sulfúrico, H_2SO_4, que haciendo el papel de núcleo de condensación, favorece las lluvias, que devuelven el azufre al mar o al continente, cerrándose el ciclo.

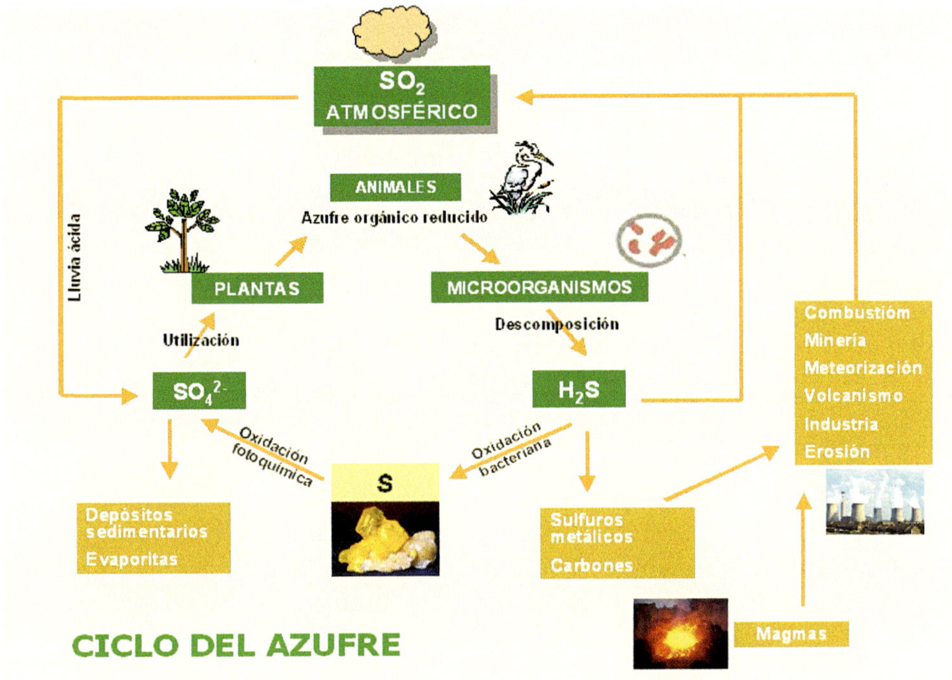

FIGURA 15.4. Ciclo del azufre.

Los volcanes de forma natural y las industrias con la quema de combustibles fósiles incrementan en la atmósfera la cantidad de SO_2, que reacciona con el agua formando gotas de ácido sulfúrico, H_2SO_4, originando, junto con los óxidos de nitrógeno, el problema de la ***lluvia ácida*** (Tema 18). El ácido sulfúrico pasa al suelo dando sulfatos de nuevo. Los sulfatos del suelo se hallan en su mayoría en forma de anhidrita (sulfato de calcio, $CaSO_4$) y yeso (sulfato de calcio hidratado, $CaSO_4 \cdot 2H_2O$), siendo un componente de los depósitos marinos, lo que hace que el mar sea el principal reservorio de este elemento.

15.7. CICLO DEL FÓSFORO

El fósforo se encuentra mayoritariamente en la corteza terrestre, y en los depósitos de rocas marinas. La proporción de fósforo en la materia viva es relativamente pequeña, pero el papel que desempeña es vital. Es componente de los ácidos nucleicos como el ADN, de los fosfolípidos, que constituyen las membranas de todas las células, y muchas sustancias intermedias en la fotosíntesis y en la respiración celular están combinadas con fósforo, y además los átomos de fósforo proporcionan la base para la formación de los enlaces de alto contenido de energía del adenosín trifosfato, ATP (Tema 12). Forma parte también de las estructuras rígidas como caparazones, huesos y dientes de animales.

Las rocas fosfatadas y las cenizas volcánicas contienen fosfatos y liberan iónes fosfato, PO_4^{3-}, que son transportados de forma soluble por las aguas corrientes hasta los lagos o hasta el mar, donde precipitan para formar reservorios. Su proceso de liberación es muy lento por depender del ciclo geológico (10^5-10^8 años), razón por la que constituye el principal factor limitante, considerándose por ello un recurso no renovable.

El ciclo del fósforo difiere con respecto al del carbono, nitrógeno y azufre en que no forma compuestos volátiles que le permitan pasar de los océanos a la atmósfera y desde allí retornar a tierra firme. Una vez en el mar, sólo existen dos mecanismos para el recicla-

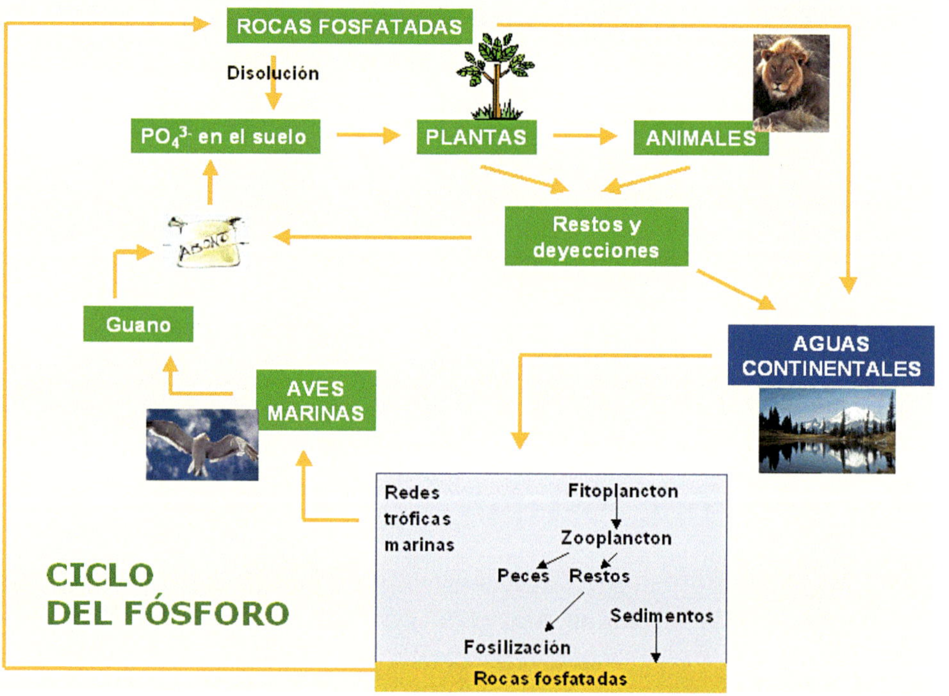

FIGURA 15.5. Ciclo del fósforo.

je del fósforo desde el océano hacia los ecosistemas terrestres. Uno es mediante las aves marinas que recogen el fósforo que pasa a través de las cadenas alimentarias marinas y que pueden devolverlo excretándolo en tierra firme, lo que constituye el ***guano***. También existe la posibilidad de un levantamiento geológico de los sedimentos del océano hacia tierra firme, un proceso que puede tardar miles de años.

El ciclo del fósforo se ve afectado por las actividades humanas tales como la pesca, el abuso de fertilizantes y el uso de detergentes con fosfatos. Debido al empleo indiscriminado de fertilizantes y todo tipo de productos químicos se presentan los siguientes problemas en las aguas tanto superficiales como subterráneas:

- Acumulación de nitritos y fosfatos, que se traduce en una pérdida de la potabilidad.
- Eutrofización de las aguas continentales y mares costeros, al aumentar hasta niveles nocivos los productos orgánicos e inorgánicos derivados de aguas residuales y fertilizantes agrícolas, originando graves cambios en las características del medio y desoxigenación de las aguas profundas.
- Salinización de los acuíferos por sobreexplotación de las aguas subterráneas.

Una teoría muy interesante propone que el fósforo en el océano ayuda a regular la cantidad de oxígeno atmosférico. El fósforo es un nutriente esencial para la fotosíntesis y uno de los factores limitantes. Un nivel alto de oxígeno en el océano promueve que la productividad de ciertos tipos de bacterias aumente, ya que son capaces de incorporar fósforo a su estructura. Esto provoca una disminución de fósforo disponible y por tanto una disminución de la población fotosintetizadora, con una menor producción de oxígeno. Un nivel bajo de oxígeno conduce al incremento de la mortalidad de los organismos, que durante la descomposición, vierten fósforo al océano. Este incremento de disponibilidad de fósforo subsecuentemente eleva el crecimiento de la población fotosintetizadora y se aumenta la producción de oxígeno.

15.8. CICLO DE METALES PESADOS

Los metales pesados tienen sus propios ciclos biogeoquímicos. Son poco móviles en suelos y tienden a acumularse en la parte superficial (a excepción de pH ácidos) en el horizonte biológicamente más activo, lo que hace que los metales estén fácilmente accesibles para los vegetales. La dinámica de los metales una vez depositados en el suelo puede seguir varias vías:

a) quedar retenidos en el suelo, disueltos o fijados por procesos de adsorción, complejación o precipitación,

b) ser absorbidos por las plantas incorporándose a la cadena trófica,

c) volatilizarse pasando a la atmósfera, depositándose posteriormente en el suelo o en la vegetación y seguir las vías a) o b), y

d) pasar a las aguas superficiales o subterráneas.

Una característica particular de los metales pesados es su persistencia en el ambiente, como consecuencia de que no son degradables en la naturaleza, ni biológica ni químicamente, y la principal fuente de contaminación por metales pesados proviene de la actividad minera.

Entre los metales pesados se pueden distinguir dos grupos:

- Oligoelementos o micronutrientes y
- Metales pesados sin función biológica conocida.

Los del primer grupo son requeridos en pequeñas cantidades por plantas o animales para completar su ciclo vital, aunque si superan unos niveles determinados producen efectos tóxicos. Es el caso de B, Co, Cr, Cu, Fe, Mo, Mn, Se y Zn (Tema 3).

Los del segundo grupo resultan altamente tóxicos en cantidades variables, y presentan la propiedad de acumularse en la cadena trófica, lo que origina que a pesar de encontrarse en dosis muy bajas en el ambiente, pueden llegar a concentrarse en los organismos vivos como plantas o animales y producir disfunciones en estos organismos. Los más peligrosos son principalmente: Cd, Pb, Hg, As, Ni, Sb y Bi.

El ***cadmio***, Cd, se encuentra en la naturaleza en estado de oxidación +2 y es químicamente similar al cinc, por lo que se encuentra junto a él en los procesos geoquímicos, y de hecho el cadmio se obtiene como producto secundario de la obtención del cinc. El cadmio es utilizado en la industria para formar aleaciones con otros metales, en pigmentos, en baterías, en pilas y como aditivos para plásticos, entre otros.

La intoxicación por cadmio en humanos es muy grave. El cuerpo humano puede absorberlo y permanece en él durante largos períodos de tiempo. Produce destrucción de diversos tejidos y puede reemplazar al cinc en algunas enzimas, alterando, por tanto, la actividad catalítica de reacciones fisiológicas.

La contaminación por ***plomo***, pb, procede de fuentes naturales como la galena, SPb, de las gasolinas que portan derivados de este metal como antidetonantes y también de las conducciones de agua en las que todavía se sigue utilizando este elemento. Hoy en día no es un grave problema pues se ha restringido el empleo de gasolinas con antidetonantes derivados de plomo, pero todavía existe el uso de cañerías de plomo, que ya las utilizaban los romanos; también se utiliza en pigmentos para pinturas y en una gran variedad de productos.

Una fuente de contaminación importante por plomo es la técnica de la pesca, utilizada desde hace siglos, en la que se emplea una pieza de plomo de unos 50 gramos, que en numerosas ocasiones no se recupera y este material tóxico queda almacenado en el fondo del río. Ello ha convertido a los ríos en auténticos almacenes de este metal, cuya eliminación sólo puede hacerse de forma manual, porque emplear otra técnica supondría un considerable impacto sobre el río, especialmente sobre el perifiton que es una compleja comunidad microbiótica que sirve de alimento a numerosas especies. La presencia de plomo en los ríos es una bomba de relojería que puede suponer una catástrofe ambiental ya que puede incorporarse a la cadena trófica a través de su absorción por hongos, vegetales o animales. El plomo puede fijarse en diferentes partes del cuerpo de los vertebrados, principalmente en los huesos, ya que químicamente es semejante al calcio.

El ***mercurio***, Hg, cuantitativamente es el contaminante principal de los metales pesados. Se encuentra como trazas en muchos minerales, y entra en el medio ambiente por vertidos de procedencia humana como, por ejemplo, los laboratorios químicos, la industria farmacéutica, los fungicidas, las pilas, los termómetros, etc.

El mercurio es tóxico tanto en la forma metálica como en el estado combinado. Parece ser que tanto el mercurio metálico como las sales inorgánicas se convierten en mercurio metilado en el agua mediante procesos biológicos. El agente metilante es la metilcobalamina, un análogo de la vitamina B_{12}.

$$HgCl_2 \xrightarrow{\text{Metilcobalamina}} CH_3HgCl + Cl^-$$

Estos compuestos metilados se van acumulando en los tejidos grasos de los peces, y así entran a formar parte en la cadena alimentaria.

La toxicidad de los compuestos de ***arsénico***, As, era ya conocida en tiempos de los romanos, y bastan menos de 0,1 gramo del elemento para matar a una persona. Los compuestos de arsénico fueron dispersados en el ambiente, debido a su uso como pesticidas con anterioridad a la aparición de los pesticidas orgánicos. Es un elemento que aparece junto al oro y plomo, y el abandono de minas de estos metales significa una fuente de contaminación de arsénico en el agua. También se encuentra como contaminante del carbón, y debido a su similitud con el fósforo, el arsénico coexiste con compuestos de fósforo naturales.

El ***cobre***, Cu, se utiliza en aleaciones como bronces y latones y el ***cinc***, Zn, en el galvanizado del acero y otras aleaciones y ambos pueden producir contaminaciones del suelo por efluentes de mina. Otros elementos como el ***aluminio***, Al, y el ***hierro***, Fe, son muy abundantes en la roca y en el suelo, y también pueden ser tóxicos, pero afortunadamente se encuentran en formas químicas no solubles y es muy difícil que los seres vivos los acumulen. Sin embargo una intoxicación por aluminio en los seres humanos puede provenir del uso de recipientes de aluminio utilizados en cocinar alimentos.

El resto de metales pesados producen también efectos de gravedad. No es de extrañar que la detección de metales pesados se haya convertido en un parámetro clave en los análisis ambientales.

EJERCICIOS DE AUTOCOMPROBACIÓN

1. Indicar por qué existe un ciclo cerrado de materia.
2. ¿Cómo ha intervenido la actividad humana en el ciclo del carbono?
3. ¿Cómo intervienen los descomponedores en el ciclo del nitrógeno?
4. ¿Por qué el azufre tiene un ciclo gaseoso y el fósforo un ciclo sedimentario?
5. ¿Qué problemas puede plantear la tala de árboles en el ciclo del oxígeno?
6. ¿Son muy diferentes los ciclos biogeoquímicos en el medio terrestre y en el acuático?

16

EL ECOSISTEMA EN EL TIEMPO: SUCESIÓN. TIPOS DE SUCESIONES. CONCEPTO DE CLÍMAX

Dunas de arena.

SUMARIO

OBJETIVOS

1. Describir el proceso de una sucesión ecológica.

2. Interpretar los cambios que ocurren en las comunidades con la sucesión.

3. Diferenciar los distintos tipos de sucesión: alogénica, autogénica, primaria, secundaria, microsucesión, autosucesión, autótrofa y heterótrofa.

4. Relacionar el concepto de clímax con la última etapa de una sucesión.

5. Justificar la etapa clímax en base a la madurez del ecosistema.

6. Analizar diferentes modelos para explicar el proceso sucesional.

7. Aplicar el concepto de sucesión a la restauración de ecosistemas.

16.1. EL ECOSISTEMA EN EL TIEMPO: SUCESIÓN ECOLÓGICA

Los ecosistemas varían a lo largo del tiempo. Muchos de los cambios observables son la respuesta del ecosistema a los ***ritmos*** de origen astronómico (día/noche, estaciones, etc.) que se producen con una periodicidad precisa, y a las ***fluctuaciones*** que no son rítmicas (lluvia, viento, plagas etc.). A mayor escala de tiempo, es posible observar cambios profundos en los ecosistemas en los que unas biocenosis son sustituidas por otras: son las ***sucesiones***.

El concepto de sucesión fue propuesto por especialistas en botánica, puesto que su estudio se ha desarrollado en ecosistemas terrestres y por tal motivo se ha basado en la vegetación, siendo H. C. Cowles (1869-1939) y F. E. Clements (1874-1945) quienes hicieron un uso muy extenso del concepto de sucesión, y cuyo mérito fue considerar a las comunidades vegetales como entes dinámicos.

Las comunidades y los ecosistemas son dinámicos en el sentido de que las especies que los componen no son siempre las mismas. Hay situaciones en la naturaleza, en donde, en el transcurso de los años observamos como una comunidad biótica cambia gradualmente dando lugar a una segunda, ésta a su vez a una tercera y así sucesivamente. Este proceso de cambio ordenado y progresivo de un ecosistema, en el cual una comunidad biótica es reemplazada por otras sucesivamente más estables, se conoce como ***sucesión natural*** o ***sucesión ecológica***.

Desafortunadamente no hay una definición generalizada del concepto de sucesión. E. Odum (1969) la define como un proceso ordenado de cambios direccionales de la comunidad y por tanto predecibles, mientras que J. P. Grime (1979) la define como una alteración progresiva en la estructura y composición de las especies vegetales.

La sucesión ecológica, en el sentido más general de su definición, es el cambio a través del tiempo en la estructura de la comunidad.

La sucesión ecológica comienza cuando se presenta una perturbación, bien porque el ambiente físico se modifica gradualmente, bien por factores climáticos o bien por el crecimiento de la comunidad biótica misma, de tal manera que el ecosistema se vuelve más favorable para otro grupo de especies y menos favorable para las especies presentes.

Se considera una sucesión como un proceso de ***autoorganización*** o de ***maduración***, con ciertas características de irreversibilidad. Sobre esta base se justifica hablar de sistemas menos maduros (etapas del comienzo de la sucesión) y sistemas más maduros (etapas más avanzadas de la sucesión). Así pues, en el proceso de sucesión se van generando comunidades intermedias denominadas cada una de ellas ***comunidad seral***, y se van alcanzando una serie de etapas denominadas ***etapas*** o ***estados serales***. A la serie de comunidades que se sustituyen entre sí en una sucesión ecológica en una zona determinada se le denomina ***serie evolutiva*** o ***sere***. Cuando el biotopo inicial del que parten las comunidades tiene un origen acuático, a las series de sucesión se les denomina ***hidroseries***. Si las series se producen sobre un terreno seco se les denominan ***xeroseries***.

Ahora bien, la sucesión de especies no tiene lugar indefinidamente, puesto que en la mayoría de los casos se alcanza un equilibrio, llegando a la formación de una ***comunidad clímax o comunidad climácica***, una comunidad relativamente estable de plantas y animales, con un balance dinámico entre todas las especies y el ambiente físico, siendo la máxima meta biológica a la que una sucesión puede llegar. A este estado final del ecosistema se conoce como ***ecosistema clímax***, es decir, las sucesiones culminan con el establecimiento de un ecosistema maduro, biológicamente estable, autorregulado y en estado de equilibrio a lo largo del tiempo. Al territorio ocupado por una comunidad clímax se le denomina ***dominio climácico*** y todos los ***biomas*** naturales están considerados como ecosistemas clímax.

Un ecosistema alcanza su etapa clímax cuando todos sus parámetros globales se han hecho constantes a través del tiempo. Ello se debe al desarrollo de una serie de mecanismos de autorregulación u homeostasis (persistencia de estructuras y previsión de las nuevas, si se produce un cambio) en sus poblaciones y entre éstas y el medio. La estructura temporal rítmica del ecosistema generalmente se perfecciona. La vegetación controla el microclima, y los aspectos que corresponden a las estaciones se organizan de manera más regular. La vegetación de las primeras etapas resulta muy influida por las fluctuaciones del biotopo, la temperatura y la humedad, sin embargo, en un bosque por ejemplo, quedan muy amortiguadas y también la concentración de nutrientes en el medio es regular. En estas condiciones se hace improbable la extinción de especies. Si se piensa en la comunidad clímax de un ecosistema, la selva tropical o los arrecifes de corales son su máximo exponente: son ecosistemas prácticamente cerrados, pues la materia se recicla con suma rapidez, debido a la acción eficaz de los descomponedores, y se almacena en forma de biomasa.

La velocidad de la sucesión depende de la competitividad de las especies implicadas; de la tolerancia a las condiciones ambientales producidas por el cambio en la vegetación; de la interacción con los animales, sobre todo con los herbívoros rumiantes, y de otro factor importante, el fuego. Una sucesión puede durar días, meses, o también decenas, centenares o miles de años. La duración del proceso de sucesión en distintos lugares es variable y depende principalmente de las condiciones climáticas y edáficas. En áreas cálidas y húmedas es generalmente más rápido que en áreas frías y secas.

16.1.1. Tendencias más importantes en el transcurso de la sucesión

Según la definición de sucesión hecha por Odum, los patrones de sucesión son relativamente predecibles en la mayoría de las áreas:

Primero se produce la ***colonización***, que es el proceso de establecimiento de especies biológicas en un área anteriormente no ocupada, como el crecimiento de cañaverales en los márgenes de un lago o la instalación de aves marinas en una isla volcánica. Estas son las especies ***oportunistas***, también llamadas ***colonizadoras*** o ***pioneras***, de gran facilidad de dispersión y rápida multiplicación, para poder sobrevivir en las condiciones frecuentemente desfavorables, que forman el primer estado seral o ***estado pionero***.

Después, poco a poco, con la muerte de las especies pioneras y el aporte de desechos acarreados por el viento se produce con el tiempo un medio que puede mantener suficiente agua y nutrientes para la invasión y el crecimiento de especies más resistentes y más organizadas. De este modo, las especies pioneras que se adaptan a los nuevos habitats van siendo reemplazadas por otras especies ***invasoras***. En las primeras etapas, los organismos son más sencillos con mecanismos muy rápidos de reproducción y una alta capacidad adaptativa. Así, se pasa de forma gradual de las especies de estrategia *r*, adaptadas a cualquier ambiente, a especies de estrategia *k*, más exigentes y especializadas (Tema 5) hasta alcanzar el estado final o ***clímax***.

Evidentemente las características del ecosistema van variando y en la Tabla 16.1. se pueden ver algunas de las diferencias entre el estado pionero y la etapa clímax de un bosque.

TABLA 16.1. Diferencias entre las características del estado pionero y el estado clímax en un bosque

Característica	Estado pionero	Estado clímax
Distribución geográfica	Amplia	Estrecha (endemismo)
Número de estratos	Pocos, bien definidos	Muchos
Densidad del sotobosque	Alta	Baja
Copas del dosel	Uniforme	Variable
Requerimientos de luz	Heliófitas	Tolerantes
Distribución por edades	Coetáneos	Disetáneos
Tamaño de las plantas	Pequeño	Grande
Diversidad de especies	Baja	Alta
Estructura trófica	Mayoría productores	Mezcla de productores, consumidores y descomponedores
Nichos ecológicos	Pocos	Muchos
Eficiencia en el reciclaje	Baja	Alta
Tamaño de semillas	Pequeñas	Grandes
Número de semillas	Alto	Bajo
Agentes de dispersión	Viento, aves	Gravedad, mamíferos
Biomasa	Baja	Alta
Crecimiento	Rápido	Bajo
Dureza de la madera	Baja	Alta
Lianas	Abundantes, herbáceas	Escasas, Leñosas
Epífitas	Escasas	Abundantes

Conforme la sucesión va avanzando aumenta la ***biomasa total*** (madera de los árboles, caparazones, etc.). También aumenta, aunque menos, la ***producción primaria*** y disminuye la relación entre la producción primaria y la biomasa total, es decir, se retarda la tasa de renovación del conjunto del ecosistema. El ***trayecto de la energía*** desde el lugar de producción primaria hasta el final de las cadenas alimentarias se alarga y se hace más lento y, sobre todo, más constante y regular. Por ejemplo, aumenta el número de niveles tróficos, o la longitud de los vasos de transporte en los árboles. Otro aspecto muy importante es que aumenta la ***diversidad***, originándose una estructura más compleja (redes tróficas mayores), y aumentan las relaciones de parasitismo, comensalismo, etc., entre especies. En resumen:

- **Aumenta la estabilidad**: Debido a la complejidad se crean nuevos circuitos y sistemas de reciclado de materia.
- **Cambian las especies**: Las especies pioneras mueren o emigran a otros territorios sin colonizar y su espacio lo ocupan nuevas especies.
- **Aumenta la diversidad**: aparecen nuevas especies.
- **Aumentan los nichos**: Debido al aumento de especies.
- **Cambian los parámetros tróficos**: En una comunidad clímax es donde hay la mayor cantidad de biomasa y la menor de renovación. La longitud de las cadenas tróficas incrementa.
- **Aumenta la biomasa total**. El aumento se atribuye a una capitalización de la producción.
- **Aumenta la producción primaria** y disminuye la relación entre la producción primaria y la biomasa total.
- **Los mecanismos de homeostasis devienen más efectivos**, en parte gracias a una mayor longevidad de los organismos.

16.2. SUCESIONES SEGÚN SU ORIGEN: ALOGÉNICAS Y AUTOGÉNICAS

En general, los ecosistemas no cambian apreciablemente con el tiempo, pero cuando un habitat es perturbado, por múltiples motivos, por fuego, huracanes, terremotos, tsunamis, contaminación, etc. y, a mayor escala, glaciaciones, volcanes, deriva de las placas, etc., el ecosistema tiende a reconstruirse. Por tanto, las sucesiones pueden tener lugar como resultado de mecanismos bastante diferentes.

Es importante no olvidar que el equilibrio del ecosistema está relacionado con la comunidad biótica y las condiciones climáticas existentes. Por lo tanto, todos los ecosistemas clímax están sujetos a cambio si las condiciones climáticas varían, si se introducen nuevas especies o si desaparecen las originales. Por ese motivo, hay que distinguir entre ***sucesiones alogénicas*** o ***exógenas,*** si la sucesión es causada por factores externos a la comunidad como, por ejemplo, la lluvia ácida, y ***sucesiones autogénicas*** o ***autógenas***, si la sucesión ha sido provocada por interacciones entre los organismos de la propia comunidad, como, por ejemplo, que una planta permita que su suelo sea utilizado por la siguiente y así sucesivamente.

Las causas que provocan una sucesión autógena son básicamente transformaciones del microclima y del suelo debido a la propia vegetación. Así, por ejemplo, una sucesión tipo de la zona caliza de la región mediterránea, si se parte de una etapa de pasto, tendremos:

pasto de terófitos ⟶ matorral ⟶ coscojar ⟶ encinar

En ella, la disminución de la cantidad de luz que llega a la superficie del suelo es la que va propiciando la sustitución de las especies heliófilas de las primeras etapas por otras indiferentes o umbrófilas; así tenemos que las semillas de las especies pioneras son heliofitas; mientras que las de la comunidad clímax, por el contrario, pueden germinar, crecer y desarrollarse en las condiciones de sombrío. A su vez se van produciendo variaciones en las condiciones microclimáticas, térmicas e hídricas del medio que condicionan el cambio de etapas de la sucesión.

Las sucesiones alogénicas tienen su origen en el cambio de cualquier factor del medio que influya directamente sobre la vegetación, siendo las principales causas: cambios del clima general (como ocurrió durante y después de las glaciaciones cuaternarias), cambios del microclima (como cuando se tala un bosque y se produce un aumento en la cantidad de luz lo que implica variaciones en la temperatura y la humedad), transformación del suelo (como el caso de erosión donde si se elimina la vegetación clímax en zonas de clima cálido y seco, que con el tiempo las transformaciones del suelo son irreversibles), influencia de la fauna (como es la influencia que tienen los animales domésticos que pueden ser agentes destructores de la vegetación natural al comerse brotes o plántulas, por ejemplo las cabras), o la acción directa del ser humano (como la explotación silvo-pastoral, la tala, incendios, ocupación urbana e industrial, etc.).

Ejemplo de sucesión ecológica: formación de un bosque climácico

En lugares distintos crecen plantas diferentes, pero los modelos de sucesión ecológica son similares en todo el mundo, tanto en los bosques templados como en los tropicales.

En primer lugar, como en toda sucesión, se produce la colonización, la cual consiste en que sobre suelo o roca desnudos, por factores como el viento y el agua, se establecen los primeros organismos que expuestos a la luz solar empiezan a desarrollarse. Estos organismos suelen ser el hongo y el alga, que juntos forman el liquen; éste segrega sustancias químicas, lo cual hace que los minerales presentes se vayan disolviendo, así el alga puede mantenerse adherida al sustrato, y adicionalmente el hongo absorbe la humedad requerida por el alga. El alga realiza la fotosíntesis y suministra los hidratos de carbono que requieren los dos organismos. Las partes que el liquen no disolvió, serán el hábitat de pequeños insectos y microorganismos que se alimentan de la materia orgánica muerta y a través de sus actividades enriquecen el suelo en formación y hacen posible la invasión de otros organismos.

FIGURA 16.1. Diferentes etapas de la formación de un bosque climácico.

A continuación se instalan las gramíneas y otras pequeñas plantas, después los arbustos y finalmente los árboles, que van creciendo en tamaño lo que da lugar finalmente al bosque climácico. Cualquier región particular tiene su propio conjunto de especies climácicas, que son las especies que están mejor adaptadas al área y que persisten después de haber terminado la sucesión, hasta que ocurra una alteración fortuita.

Los vegetales son esencialmente los motores de la dinámica del sistema, siendo secundaria la participación de la fauna, pero a los animales se debe en buena parte el reciclaje de los nutrientes además de tener un papel activo en la dispersión de los vegetales. Así, la sucesión de especies vegetales va acompañada de una sucesión de comunidades animales adaptados al ambiente que se va modificando en el proceso.

16.3. Sucesiones según las características del área donde comienzan: primaria y secundaria

Hay dos tipos de sucesiones dependiendo del área en donde comiencen: ***sucesión primaria*** y ***sucesión secundaria***. La primera tiene lugar en áreas que no han sido colonizadas anteriormente, tales como roca desnuda, lava, arenas depositadas por cambios en las corrientes marinas, dunas, etc. Este tipo de proceso puede durar miles de años. La sucesión secundaria es la que se registra después de una perturbación como, por ejemplo, un incendio. En este caso el ambiente contiene nutrientes y residuos orgánicos que facilitan la invasión y el crecimiento de otros organismos y hay suelo bien desarrollado con un buen número de semillas y esporas.

Los ecosistemas desarrollados como consecuencia de la sucesión primaria y que no han sido sujetos a ninguna perturbación significativa se conocen como ***ecosistemas primarios***; aquellos que se desarrollan después de una alteración o disturbio se conocen como ***ecosistemas secundarios***.

16.3.1. Sucesión primaria

Como se ha dicho, cuando el proceso de sucesión comienza en un área que no ha sido colonizada previamente se denomina ***sucesión primaria***. En estas situaciones todas las especies, incluyendo las bacterias del suelo, insectos, plantas y animales deben proceder de habitats próximos. En estos lugares, los líquenes son generalmente los organismos colonizadores o pioneros.

Un ejemplo clásico de sucesión primaria es el de la evolución de las dunas como el que ha tenido lugar en los Grandes Lagos, en América del Norte, siendo H. C. Cowles (1898) quién realizó un estudio de la vegetación de las dunas del lago Michigan. Estas dunas se formaron en terrenos dejados por los glaciares en su retirada, al finalizar la última glaciación. Son acumulaciones de arena situadas en las orillas de los lagos que con el paso del tiempo han sido colonizadas por distintos tipos de plantas (Figura 16.2). En su proceso de formación se distinguen varios pasos:

1

2

3

4

FIGURA 16.2. Diferentes etapas de la sucesión primaria en una duna.

- Asentamiento de especies vegetales que toleran la sequía y fijan las dunas en unos 6 años, como *Artemisia*, *Cakicle* y *Ammophila*.
- En las dunas estabilizadas, al cabo de unos 20 años, crecen otras gramíneas que desplazan a las anteriores y arbustos como el cerezo de las arenas (*Prunus* spp.) y los sauces que contribuyen a una mayor estabilización de la arena. Aparecen los primeros árboles, como los chopos (*Populus* spp.).

- Cuando la duna está bien estabilizada (a los 50 o 100 años) aparecen y se extienden rápidamente los pinos (*Pinus* spp.).
- En condiciones normales, a los 100 o 150 años, los robles (*Quercus velutina*) reemplazan a los pinos. A continuación el proceso que había sido muy rápido se hace lento y el bosque de *Q. velutina* se estabiliza durante unos 1.000 años.

A partir de aquí el proceso según Cowles seguiría una secuencia hacia el roble blando- nogal americano, (*Quercus rubra, Carya* spp.), y finalmente al climax climático, el bosque de haya-arce (*Fagus* spp., *Acer* spp.). Sin embargo, J. S. Olson (1958) que estudió las dunas más antiguas no pudo observar ninguna tendencia del bosque de *Q. velutina* hacia ninguna sucesión posterior en una única secuencia lineal, sino que dependiendo de los diversos suelos, aguas y factores bióticos puede seguir varios caminos, y en lugar de existir convergencia hacia un único clímax, se obtiene una divergencia de comunidades diferentes en sitios diferentes.

Los estanques recién creados también pueden experimentar sucesión primaria. Cuando se forma un estanque, se tiene una masa de agua con pocos nutrientes (oligotrófico). A medida que sedimentos y nutrientes arrastrados por la lluvia entran en el ecosistema provenientes de las áreas aledañas, el estanque puede tener plantas flotantes. Éstas son reemplazadas luego por plantas enraizadas, cuyos tallos y raíces forman una malla que recolecta partículas que originan un fondo lodoso lo que convierte el estanque en un pantano o ciénaga. Al continuar los procesos de producción de sedimentos, puede permitirse la invasión de arbustos y finalmente árboles.

Un ejemplo parecido al anterior, de gran interés, lo constituye la ***colmatación*** de los lagos (Figura 16.3). Los lagos reciben, poco a poco, pero continuamente, sedimentos y nutrientes, como nitratos y fosfatos, por arroyos y aguas de escorrentía. Los sedimentos se van depositando en el fondo. Los nutrientes eutrofizan el lago provocando el crecimiento de algas y otros organismos que, cuando mueren, van al fondo. El lago pierde profundidad y las plantas típicas de la orilla (juncos, ranúnculos, cañas, etc.) se extienden cada vez más. La materia orgánica que se va acumulando en el fondo forma la turba. Como resultado de este proceso, lo que era un lago va quedando como ciénaga o zona pantanosa y se acidifica, lo que trae como resultado la aparición masiva de juncos, etc.; y aparecen los primeros animales terrestres (lombrices, colémbolos, etc.).

FIGURA 16.3. Colmatación de un lago. Una zona tiene color azul y otra verde.

Se sigue depositando turba, y sobre la turbera crecen árboles que soportan bien la humedad (alisos, abedules, sauces). Estos árboles serán sustituidos por otros hasta que se forma un bosque. También aparecen aves y otros animales propios de estos ambientes, mientras que los anfibios van desapareciendo porque la humedad disminuye. Si se ha acumulado mucha turba lo que se instala es el musgo de las turberas (*Sphagnum*) que va acidificando el medio progresivamente hasta que mueren los árboles y se originan turberas elevadas pobres en nutrientes. Las turberas actuales se han formado por colmatación de lagos durante los 10.000 años transcurridos desde la última glaciación.

Se calcula que el lago Ginebra se colmatará en 30.000 años y el Constanza en 12.000 lo que, en términos geológicos, es muy poco tiempo. Los pantanos siguen un proceso similar y se calcula que la vida de uno de ellos puede rondar entre los 50 y 200 años, dependiendo de la cantidad de sedimentos que lleguen.

16.3.2. Sucesión secundaria

La ***sucesión secundaria*** se presenta en sitios previamente ocupados por algún tipo de cobertura vegetal y parte de una etapa de la serie producida por alguna perturbación de origen natural o antrópico. Entre las perturbaciones de origen natural están los incendios naturales, perturbaciones producidas por el viento, como un huracán, las inundaciones causadas por una tormenta, sequías, caídas de árboles en el bosque por el viento, enfermedades o muerte de los vegetales, etc.; entre las de origen antrópico se pueden encontrar la tala de árboles, la contaminación química, etc. Por ello, hay multitud de ejemplos de sucesión secundaria: la que ocurre en un bosque después de un incendio, las distintas fases por las que va pasando un campo que deja de ser cultivado, etc. (Figura 16.4).

Figura 16.4. Diferentes etapas de una sucesión secundaria sobre un campo de cultivo abandonado.

La sucesión secundaria pone de manifiesto la tendencia de un ecosistema a su ***autoorganización***, ya que es tan fuerte que acaba imponiéndose sobre las condiciones adversas.

16.4. MICROSUCESIÓN

A veces ciertas perturbaciones como la caída de un árbol por el viento, cuando un mamífero muere o un elefante defeca, puede crear terrenos de sucesión no cubiertos en la etapa clímax de un bosque, lo que da lugar a una ***microsucesión*** dentro de la sucesión principal, y es posible un estudio relativamente detallado de estas microsucesiones que son muy rápidas y que afectan a áreas limitadas. Un tipo de microsucesión muy instructivo tiene como soporte la madera del bosque.

Cuando los troncos muertos se quedan en el bosque, intervienen activamente hongos e insectos en una sucesión que puede durar decenas de años, especialmente si los troncos quedan en pie; pero en condiciones de mayor humedad, como en los troncos tumbados y que se recubren de musgo es bastante más rápida.

En este último caso en las almohadillas de musgos viven rizópodos, rotíferos, nematodos, etc. Debajo de los mismos musgos se loca-

FIGURA 16.5. Tronco muerto en un bosque.

lizan ácaros, blátidos, larvas de tulípedos, etc. La corteza se levanta y debajo de ella se refugian carábidos, arañas, quilópodos y caracoles; según que la corteza se separe por sí misma (roble) o necesite para ello la acción de organismos que consuman el floema, la sucesión varía ligeramente. Las galerías abiertas por los coleópteros se llenan de excrementos y de hongos, y estos invaden también la periferia por debajo de la corteza y son favorecidos especialmente por los coleópteros que establecen una red superficial de galerías, con numerosas salidas. Simultáneamente la madera es atacada por debajo, por termes humícolas, más una serie de acompañantes termitófilos. La madera se va transformando poco a poco en una masa sin consistencia, una especie de mantillo.

De una u otra forma, la actividad de todos estos organismos y muy especialmente de hongos y bacterias, incorpora al suelo los elementos del tronco y acaban convirtiéndose en humus. En la etapa final, el volumen del tronco primitivo es ocupado casi en su totalidad por raíces nuevas y diversas plantas. En este punto la microsucesión es asimilada por la sucesión general del bosque.

16.5. AUTOSUCESIÓN

T. L. Hanes (1971) describió los procesos de regeneración del chaparral californiano después de incendios, indicando que no se producía la esperada sustitución serial de comunidades descritas en las sucesiones tradicionales, sino que debido a su capacidad de formar renuevos o de germinar tras el fuego, las mismas especies que estaban ya presentes antes del incendio vuelven a aparecer inmediatamente después. Es más, en el caso de los rebrotes son las mismas plantas que siguen ocupando su sitio. A este fenómeno se le llamo ***autosucesión*** y se vio que era bastante frecuente sobretodo en las zonas de clima mediterráneo. Es un modelo que se aparta bastante del de las sucesiones secundarias. No es que no haya cambios después de la perturbación ya que pueden aparecer algunas especies oportunistas mientras que los antiguos dueños del lugar se regeneran y hay un aumento transitorio de diversidad florística, pero las diferencias no son lo bastante notables para establecer distinciones entre la comunidad de antes y después de la perturbación y los individuos dominantes suelen mantener al final su posición.

La idea de la autosucesión enriquece considerablemente la comprensión de algunos procesos de sucesión secundaria, y de un modo particular lo hace en los ambientes mediterráneos. En primer lugar se trata de una especie de cortocircuito que hace que estas sucesiones sean, a menudo, más rápidas. En segundo lugar, considerar las perturbaciones hace muy evidente la importancia de establecer el régimen de perturbación, antes de hacer cualquier previsión sobre la evolución de un sistema determinado. En medios donde la frecuencia del fuego y la intensa actividad humana histórica y actual han estado actuando durante miles de años, no se pueden entender los cambios sucesionales sin profundizar en la autosucesión. Bajo regímenes de perturbación relativamente frecuente, la autosucesión se reinicia una y otra vez, sin que pueda cambiar a estadios más maduros.

16.6. SUCESIONES SEGÚN LA FUENTE DE ENERGÍA: AUTÓTROFAS Y HETERÓTROFAS

También podemos distinguir entre sucesiones autótrofas, si la mayoría de la materia orgánica se fija por organismos autótrofos en la sucesión (la biomasa se acumula en las plantas), y sucesiones heterótrofas o degradativas si la mayoría de la materia orgánica se fija por organismos heterótrofos (la biomasa se acumula en animales, hongos y microbios).

La mayoría de ejemplos citados con anterioridad como la formación de un bosque, o la evolución de las dunas se han centrado en las comunidades de organismos fotosintéticos (comunidades autótrofas), y son representativos de sucesiones autótrofas, sin embargo en el ejemplo de sucesión, que tiene lugar en un árbol muerto, es representativo de sucesión heterótrofa, ya que las comunidades que están implicadas en el proceso de descomposición son comunidades heterótrofas.

16.7. MODELOS DEL MECANISMO DE LAS SUCESIONES

J. H. Connell y R. O. Slatyer en 1977 propusieron tres modelos para explicar el mecanismo de las sucesiones mediante el cual se establecen las especies secundarias: el de facilitación, el de tolerancia y el de inhibición.

Modelo de facilitación

Se denomina ***facilitación*** al proceso, según el cual, una de las primeras especies de una sucesión puede alterar las condiciones o disponibilidad de los recursos de un habitat de tal modo que permite la entrada de nuevas especies, así pues las especies pioneras crean condiciones que facilitan el establecimiento a las otras especies y así sucesivamente. Un ejemplo del modelo son las sucesiones primarias que se producen tras la retirada de un glaciar.

Modelo de tolerancia

El ***mecanismo de tolerancia***, se basa en que las modificaciones en el ambiente no crean condiciones favorables ni desfavorables para las especies invasoras. Lo que ocurre es que estas especies, que pueden haber llegado al lugar alterado al mismo tiempo que las pioneras o más tarde, simplemente tienen un crecimiento mucho más lento, pero son capaces de crecer a pesar de la presencia de las pioneras. El proceso de sucesión depende, entonces, sólo de las características del ciclo de vida de las especies.

Modelo de inhibición

En el modelo llamado de ***inhibición***, se argumenta que las especies pioneras una vez que colonizan inhiben el crecimiento de otras y que sólo se puede proceder al establecimiento de las especies invasoras cuando las pioneras son atacadas o mueren. Por tanto, la sucesión sólo se produce porque las especies que dominan la primera fase son más susceptibles a los rigores del ambiente físico. Las especies invasoras no tienen necesariamente que estar adaptadas a las condiciones que las pioneras han creado.

Es también común que las especies pioneras impidan el crecimiento de las especies invasoras mediante la producción de sustancias inhibidoras conocidas como ***sustancias alelopáticas*** (Tema 6); en estos casos se requiere de factores externos que destruyan las poblaciones de las especies pioneras.

En la tabla 16.2 se pueden ver las diferencias entre las etapas de los modelos de facilitación, tolerancia e inhibición.

TABLA 16.2. Comparación de los modelos de facilitación, tolerancia e inhibición

Etapas	Facilitación	Tolerancia	Inhibición
A. Perturbación	Terreno abierto	Terreno abierto	Terreno abierto
B. Colonización	Sólo especies pioneras	Cualquier especie aunque las pioneras tienen más facilidad	Cualquier especie aunque las pioneras tienen más facilidad
C. Reclutamiento de nuevas especies invasoras	Especies pioneras desfavorecidas. Son eliminadas por competencia. Nuevas especies invasoras favorecidas	Especies pioneras desfavorecidas. Ningún impacto sobre nuevas especies invasoras	Desfavorable para nuevas especies invasoras
D. Crecimiento de nuevas especies invasoras	Nuevas especies invasoras favorecidas	Las nuevas especies invasoras crecen a pesar de las pioneras	Inhibido para nuevas especies invasoras
E. Continuación	Igual que D si las condiciones ambientales no cambian	Igual que D hasta que no haya más especies tolerantes	Ningún cambio en la comunidad
F. Cambio por alguna perturbación	Vuelve a A	Vuelve a A	Vuelve a A

Las etapas de cada modelo son secuenciales. Obviamente una perturbación puede interrumpir el proceso en cualquier etapa y esta situación se ha representado como la etapa F.

16.8. TEORÍAS SOBRE CLÍMAX

Históricamente ha habido dos puntos de vista contrapuestos sobre la sucesión, un modelo propuesto por F. E. Clements (1916) que argumentaba que la sucesión es un proceso predecible y ordenado dependiente del clima de la región, y otro modelo propuesto por G. H. A. Gleason (1917) que es más complejo y tiene en cuenta las interacciones con el entorno físico y entre especies, siendo una perturbación la que rige la composición y la distribución espacial de las especies, por tanto el proceso no es ni predecible ni ordenado.

A la vista de estas dos ideas, el estudio de las sucesiones ha llevado a discrepancias en el establecimiento del concepto de la etapa clímax, habiendo sido propuestas multitud de teorías. De las más destacadas se hará referencia a continuación.

La ***teoría monoclímax*** fue propuesta por F. E. Clements el cual consideraba que sólo existían pocas comunidades clímax, ya que en una región climáticamente homogénea sólo podría existir una comunidad climax. Así, todas las comunidades, aunque parecieran estáticas, eran sólo etapas del proceso dinámico, ordenado y predecible que conduce a la formación clímax.

Sin embargo, esta idea fue poco aceptada al considerar que pueden existir varias comunidades clímax en lugares cercanos con condiciones climáticas similares. Así surge la ***teoría policlímax*** que fue propuesta y desarrollada por A. Tansley (1935). De acuerdo con ella, la composición de especies en una comunidad clímax resulta de la distribución al azar de las plantas, y depende de múltiples factores entre los cuales se pueden citar las condiciones edáficas, hídricas, atmosféricas y topográficas o la disponibilidad de semillas o propágulos necesarios para su regeneración. Por lo tanto la sucesión no es un proceso ordenado y predecible, al igual que las ideas propugnadas por Gleason.

R. H. Whittaker (1953) propuso una variación de la idea de policlímax, la ***hipótesis de clímax patrón***, según la cual la sucesión es el resultado de un continuum de tipos de clima, variando entre gradientes ambientales. Así en adición a los factores climáticos, como el viento, hay un amplio rango de factores edáficos y factores bióticos, incluyendo enfermedades, mutualismo o interacciones competitivas.

Mientras que la teoría monoclímax considera solo una clímax dependiente del clima en una región y la teoría policlímax considera que puede haber varias clímax dependientes del clima en la misma área, la hipótesis de la teoría patrón considera una continuidad de tipos de clímax, variando gradualmente con gradientes ambientales.

Cuando aparece el concepto de ecosistema emerge como un foco de nuevas teorías. E. Odum (1969) propuso las propiedades emergentes de un ecosistema tales como la estabilidad y mayor diversidad, que cuando el ecosistema las posee se considera un ecosistema maduro. Esta teoría es más aceptada en la actualidad ya que unifica las teorías de la sucesión y al igual que Clements la define como un proceso ordenado, direccional y predecible.

16.8.1. Concepto de clímax en relación con la madurez del ecosistema

Como se ha comentado anteriormente se denomina ***clímax*** o ***comunidad climácica*** al ecosistema que se forma al final de la sucesión, siendo el estado teórico de máxima estabilidad y eficiencia ecológica. La tendencia de los ecosistemas es alcanzar la clímax, pero cabe preguntarse ¿cuándo se llega a esa etapa?, ya que el proceso de sucesión no sigue indefinidamente y, además, es difícil estudiar el dinamismo de las etapas más maduras, próximas a la clímax, ya que los cambios sustanciales ocurren después de muchos años. Así pues, se considera que es cuando ha llegado al límite de madurez.

La ***madurez*** de un ecosistema es el estado en que se estima desarrollado. Depende de ciertos factores, como la diversidad, la estabilidad y la productividad. El ecosistema maduro se encuentra en las etapas más avanzadas de la sucesión.

En las primeras etapas, las cadenas tróficas son muy sencillas. Durante la primera etapa de desarrollo de un ecosistema, la mayor parte de la energía se consume en la producción de biomasa, siendo la producción mayor que la respiración. Conforme la biomasa va aumentando en el ecosistema la respiración va también aumentando y llega un momento en el que se igualan la respiración y la producción. Este es el límite de madurez del ecosistema. A partir de aquí se detiene el proceso de sucesión ecológica. En los ecosistemas maduros también aumenta la energía consumida por los descomponedores, ya que la biomasa en descomposición se incrementa significativamente.

Si el ecosistema mantiene su biocenosis sin grandes cambios durante largo tiempo, debido a que las influencias climáticas, edáficas y bióticas son muy estables, entonces ha llegado a un estado de equilibrio y se puede decir que ha alcanzado la clímax. Por tanto la clímax es el óptimo biológico a que una sucesión puede llegar en una región climática determinada. Es una biocenosis final fija, pero no estática. Por tanto:

La ***clímax*** es la etapa de mayor madurez en una sucesión.

El estudio de sucesiones reales conduce al concepto de clímax como etapa final observable; lo cual no quiere decir que sea el límite superior de madurez, ni siquiera que tenga una madurez muy grande.

FIGURA 16.6. Arrecife de Coral.

Precisamente en este punto se centran todas las polémicas que se han levantado alrededor del concepto de clímax: hay comunidades como el plancton, la vegetación de las dunas, o los desiertos que son poco maduras y se aceptan como clímax ya que se trata de comunidades que ya no cambian o no avanzan más allá de cierta etapa.

Muchos autores, entre ellos R. Margalef, prefieren no utilizar el concepto de clímax, sino el de los de ecosistemas más maduros y menos maduros. Así pues el nivel de máxima madurez representaría el concepto de clímax tradicional.

En cualquier caso muchos ecólogos han tratado de definir diferentes etapas próximas a la clímax, habiendo multitud de definiciones, entre las que destacan:

Anteclímax: es una etapa permanente previa a la clímax, a causa de condiciones adversas que no permiten llegar a ésta (por ejemplo, la persistencia del viento en una determinada región sólo permite que se alcance la fase arbustiva, aunque la clímax sea el bosque).

Paraclímax: es la etapa de una formación vegetal que, aunque no es la clímax correspondiente a la zona donde se desarrolla, se encuentra en un estado de equilibrio tal que se excluye una posterior evolución, por lo que alcanza casi las condiciones de una clímax.

Peniclímax: es la clímax que ha experimentado la influencia antropógenica y aparece con algunas variaciones en cuanto a su composición y a la proporción entre sus distintos elementos.

16.8.2. Disclímax o sucesión regresiva

Existen las denominadas ***disclímax*** o ***sucesiones regresivas*** que van en sentido contrario a la clímax, es decir, hacia etapas inmaduras del ecosistema. No se trata de una sucesión ecológica invertida, sino de una regresión forzosa del ecosistema por la destrucción de alguna etapa de la serie, y por tanto no se puede llegar a la clímax. Muchas veces no se llega a la clímax, pues existen muchas causas de retroceso en el proceso de sucesión como incendios, cambios climáticos, inundaciones, etc., o incluso hay ecosistemas que en sus etapas finales se destruyen prácticamente a sí mismos, como por ejemplo, las zonas de turberas cuyo pH se hace muy ácido (Figura 16.7), en los lagos donde se va produciendo senescencia, o el chaparral que parece estar hecho para quemarse y el ecosistema acaba desapareciendo.

En los lagos se habla a veces de etapas senescentes, en las que el ecosistema acuático se está eliminando a sí mismo. Suele ocurrir por

FIGURA 16.7. Turbera.

relleno de sedimentos, en parte orgánicos, del propio lago. Este proceso disminuye el volumen del lago y, por tanto, la reserva de oxígeno, por lo que favorece o concurre con cambios parecidos a la eutrofización (Tema 18), complicando aún más la interpretación de sucesión en los lagos. Ciertamente los lagos representan, por su propia naturaleza, ecosistemas de duración limitada.

Las causas del disclímax tienen su origen en el ambiente, y de manera destacada por causas antropogénicas. El desarrollo de la especie humana está afectando profundamente a los ecosistemas naturales. Los ecosistemas tienden naturalmente al incremento de estructura y complejidad, disminuyendo su producción neta cuando están maduros. La especie humana, por el contrario, intenta obtener el máximo rendimiento del ecosistema, por lo que le interesa mantenerlo en etapas juveniles en las que la productividad neta es mayor. En las actividades agrícolas y ganaderas se retira biomasa de los ecosistemas explotados y se favorece a las especies oportunistas (frecuentemente monocultivos), lo que disminuye la diversidad de especies del ecosistema primitivo. Otras actividades humanas como la deforestación, fragmentación de bosques por autovías, desarrollo industrial y urbano son presiones humanas sobre los ecosistemas.

El ecosistema que permanece una vez que ha sido devastado por el ser humano, E. Odum se refiere a él como disclímax o sub-clímax antropogénico, aunque al parecer es el único autor que utiliza este término. R. Margalef no lo utiliza pero reconoce que la influencia antropogénica sobre el funcionamiento del ecosistema hace que retorne a un estado sucesional anterior que es mucho menos estable.

Sucesiones causadas por el fuego

También puede darse el caso de un disclímax causado por el fuego (producido por causas naturales como un rayo) que recibe el nombre de ***disclímax pirógeno*** donde la comunidad está formada por especies pirófitas que se mantiene permanentemente en estados iniciales de sucesión, debido a la destrucción repetida por parte del fuego y su subsiguiente regeneración (como el páramo).

Cuando un bosque se quema, y aunque el hecho esté considerado como uno de los mayores desastres ecológicos (al año se pierden millones de hectáreas de bosque por el fuego), es sin embargo una de las principales fuerzas motoras para la evolución de las plantas y para el desarrollo de la vegetación. El carbono retorna al suelo, muchas plantas dependientes del fuego tienen semillas las cuales permanecen aletargadas en el suelo durante años hasta que por medio del calor del fuego germinan, y las comunidades vegetales arbustivas eliminan de esta forma sus residuos cada cierto tiempo. El fuego recrea la diversidad, lo cual hace más fuerte al bosque por convertirlo en más resistente a las enfermedades y por consiguiente tiene un efecto rejuvenecedor.

Existen muchos ejemplos de plantas y comunidades vegetales dependientes del fuego, así algunos biomas como la taiga y el chaparral son dependientes del fuego; el pino palustre (*Pinus palustris*) resurge a través de un lecho de semillas preparadas contra el fuego, o la secuoya gigante (*Sequoiadendron giganteum*), que posee una corteza resistente al fuego, dependen de éste para la eliminación del sotobosque de coníferas tolerantes a la sombra que hacen aumentar el peligro de fuego en sus copas. Otro caso se presenta en las praderas de altas gramíneas de los pastos africanos, que si no se queman periódicamente quedarían dominadas por la vegetación leñosa. Es cierto que a corto plazo el fuego provoca la destrucción de muchos habitats y la muerte de vertebrados, pero las especies animales pueden sobrevivir y recolonizar la zona nuevamente. Como se ha comentado anteriormente después de un fuego se produce el fenómeno de autosucesión.

Hay que tener en cuenta que los incendios no se producen siempre por causas naturales y en España la velocidad de destrucción de nuestros bosques es 600.000 veces superior a su capacidad de crecimiento natural y la destrucción del patrimonio forestal mantiene un ritmo medio de 95 millones de árboles quemados al año. Es decir, que de las 100.000 hectáreas que arden por termino medio en nuestro país cada año, tan solo 5.000 corresponderían a incendios forestales de origen natural por lo que, en cualquier caso, seríamos los responsables directos de más del 90% de nuestra particular España en llamas (si continuamos a este ritmo en 100 años España será un desierto).

Así mismo, cuando se produce un incendio existe a su vez una pérdida de suelo, sobre todo en las zonas áridas del planeta, al quedar erosionado, desprovisto de vegetación y expuesto a la acción de las aguas de escorrentía. Si se tiene en cuenta que en la generación de un par de centímetros de espesor de suelo la naturaleza invierte 1.000 años y que, según algunos edafólogos, nuestro país pierde cada año

FIGURA 16.8. Diferentes etapas de una sucesión causada por el fuego.

1 milímetro de suelo, se puede deducir que actualmente la capacidad de regeneración del mismo es 20 veces inferior a la de su pérdida.

16.9. RESTAURACIÓN DE ECOSISTEMAS

La ***conservación*** de los ecosistemas es una de las prioridades para la preservación de la naturaleza, pero la restauración de lo que está ya degradado es la otra cara de la misma moneda. La ***restauración de ecosistemas*** o ***restauración ecológica*** trata de devolver al ecosistema perturbado a un estado lo más parecido posible a su condición natural y en esta gestión es muy importante el conocimiento de la sucesión.

En sistemas terrestres, las labores de restauración se dirigen en ocasiones a restablecer las comunidades de plantas, ignorando muchas veces la importancia de los microorganismos del suelo y los animales en los procesos ecológicos. Por ejemplo, el inicio de la sucesión primaria en terrenos muy degradados pasa por mejorar las propiedades del suelo, que permitan un posterior establecimiento de la vegetación. Igualmente, la recuperación de la vegetación diversa, característica de los bosques y matorrales mediterráneos, está íntimamente asociada a la actividad de los animales mutualistas (aves y mamíferos) que dispersan las semillas de la mayoría de las especies leñosas. Por ello, a veces no es suficiente llevar a cabo una reforestación de plantas, siendo importante considerar el proceso de sucesión natural, y en muchos casos de restauración de áreas degradadas resultará, ecológica y económicamente más viable que llevar a cabo programas de reforestación.

En una restauración ecológica se deben tomar en cuenta los siguientes aspectos fundamentales:

- ***Autosostenibilidad:*** el ecosistema por restaurar tendrá que ser capaz, en un tiempo, de autoperpetuarse, incluso sin ayuda del ser humano. El conocimiento de los procesos de germinación, establecimiento y distribución de las plantas en fases tempranas de la restauración son fundamentales para lograr este propósito.
- ***Interacciones bióticas***: el ensamblaje de los organismos en una comunidad es un aspecto fundamental al que debe enfo-

carse una restauración ecológica. El conocimiento de las especies es crítico para alcanzar este objetivo.

- ***Invasión:*** implica reconocer las especies que invaden comunidades perturbadas ya que éstas podrían ser altamente competitivas y desplazar especies clave dentro del proceso de sucesión natural.
- ***Productividad***: una comunidad restaurada debe ser tan productiva como la original.
- ***Retención de nutrientes***: una comunidad restaurada debe perder la menor cantidad posible de nutrientes.

El conocimiento de los fenómenos anteriores permitirá acelerar el proceso sucesional para recuperar una composición de especies y unas interacciones similares a las del ecosistema original.

EJERCICIOS DE AUTOCOMPROBACIÓN

1. ¿Cómo transcurre el proceso de sucesión en la formación de un bosque climático? ¿qué etapas se pueden destacar?
2. ¿Cómo influye la competencia por los recursos, sobre todo por la luz en el proceso de sucesión?
3. ¿Cuáles son las diferencias entre sucesión primaria y secundaria? Poner un ejemplo de cada una de ellas.
5. ¿Cuándo se considera que se ha alcanzado la etapa clímax? ¿Qué se entiende por madurez de un ecosistema?
6. ¿Qué es un disclímax?
7. El fuego: ¿es beneficioso o perjudicial para un ecosistema?

Unidad Didáctica V

LA ESPECIE HUMANA Y EL MEDIO AMBIENTE

INTERACCIÓN ESPECIE HUMANA-BIOSFERA. ECOLOGÍA DEL PAISAJE. PERCEPCIÓN DEL PAISAJE

17

Playa de Torregarcía (Almería).

SUMARIO

OBJETIVOS

1. Conocer el concepto de paisaje utilizando los distintos parámetros que lo definen.
2. Entender el carácter dinámico del paisaje.
3. Describir los diferentes elementos que permiten el análisis de un paisaje.
4. Analizar los factores que influyen en la percepción del paisaje.
5. Explicar el concepto de impacto ambiental.
6. Establecer los mecanismos de conservación del paisaje.

17.1. CONCEPTO DE PAISAJE

La observación de un paisaje provoca en la persona que lo contempla sensaciones de muy diferente naturaleza: paz, asombro, agrado, reflexión, inquietud y en casos extremos incluso miedo. La mayoría de las veces la causa de estas reacciones está en la misma naturaleza observada, otras en la forma de observarla y también en el estado de ánimo de quien la percibe.

El paisaje es un recurso natural que posee unos valores estéticos, culturales y educativos; por ello debe ser bien gestionado, protegido y, si se introducen alteraciones en él, restaurado.

Por eso es necesario conocer qué es el paisaje, qué elementos lo integran, cómo interaccionan estos elementos, predecir como evolucionará en el futuro e introducir medidas para su protección.

Intentar alcanzar una definición única de paisaje es una tarea ardua y casi imposible puesto que es un término utilizado por numerosos profesionales que lo interpretan de diferente manera según su área específica de trabajo, ya sea la gestión medioambiental, el urbanismo, la geología, la geografía, la estética, etc.

Para establecer el concepto de paisaje se deben de tener en cuenta varios enfoques. El ***enfoque estético***, basado en la combinación de formas y colores del territorio observado. Este es el enfoque que el diccionario de la Real Academia de la Lengua recoge en sus dos primeras acepciones «pintura o dibujo que representa cierta extensión de terreno» o «porción de terreno considerado en su aspecto artístico».

Otro enfoque sería el ***ecológico o geográfico***, establecido por M.C. Dunn (1974), que define el paisaje como «el complejo de interrelaciones derivadas de la interacción de rocas, agua, aire, plantas y animales», es decir se refiere al estudio de los sistemas naturales que lo configuran.

Si se considera el paisaje como un medio natural fuertemente condicionado por las actividades socio-económicas y que además es el escenario de la actividad humana, se estaría estableciendo una definición de paisaje desde un ***enfoque cultural***.

González Bernáldez (1978) consideró al paisaje como la manifestación del conjunto de componentes y procesos ecológicos que concurren en un territorio y estableció un concepto de paisaje integrador: «el paisaje es la información que el ser humano recibe de su entorno ecológico».

Esta última definición hace referencia al paisaje como un sistema en el que hay unos elementos evidentes, que constituyen el ***fenosistema***, y unos elementos difíciles de captar, que necesitan un estudio sistemático, como son las relaciones entre los elementos perceptibles, las causas de su presencia, las variaciones que experimentan, etc. que constituyen el ***criptosistema***.

17.2. TIPOS DE PAISAJES

Existen numerosos criterios para clasificar los paisajes. Puede hacerse en función de su localización latitudinal en el planeta, lo que se asocia a los biomas (ver Temas 3 y 11) y se hablaría de paisaje polar, paisaje de taiga, paisaje de tundra, etc. También por su uso o funcionalidad, ya sean rurales, urbanos, de ocio, etc. Según el estado en que se encuentran, podrán ser paisajes en equilibrio o en regresión. Finalmente un paisaje puede clasificarse atendiendo a sus características como geosistema, es decir según el predominio de uno u otro de los elementos abióticos, bióticos y antrópicos. Este criterio se traduciría en paisajes con dominancia de los elementos abióticos como los desiertos y canchales, paisajes en los que dominan los elementos bióticos, por ejemplo las selvas y los bosques, o los paisajes urbanos en los que predominan las formas antrópicas.

Si se utiliza como criterio el grado de intervención humana sobre el paisaje, éste se puede clasificar en paisaje natural, paisaje rural y paisaje urbano. Se consideran ***paisajes naturales*** aquellos que no han sufrido la actividad humana o la han recibido tan débilmente que no se han visto modificados. Los ***paisajes rurales*** y ***urbanos*** son paisajes artificiales creados sobre una base natural; los rurales son el resultado de la actividad humana que explota y transforma el paisaje natural en mayor o menor medida aun cuando los elementos bióticos y abióticos sigan siendo predominantes (Figura 17.1). Cuando estos elementos han sido mayoritariamente transformados por la actividad humana se tienen como resultados los paisajes urbanos.

FIGURA 17.1. Paisaje rural.

17.3. ORIGEN Y EVOLUCIÓN DEL PAISAJE

Los factores que influyen en la formación y aspecto actual de un paisaje son numerosos: la naturaleza de las rocas, los agentes modeladores tales como la atmósfera, los agentes erosivos (aguas superficiales, ríos, aguas subterráneas, mar, viento, etc.), el clima, los componentes bióticos, la acción humana, etc. Todos ellos se encuentran interrelacionados, pudiendo combinarse de forma ilimitada, lo que impide que haya dos paisajes idénticos. Sin embargo existen características comunes entre distintos paisajes que están muy relacionadas con los factores que los originaron.

Para poder entender la estructura de un paisaje es imprescindible conocer los factores que han intervenido en el modelado del relieve, así como las modificaciones que han ocasionado con su acción. La evolución del relieve es lenta y continua y en ella intervienen fuerzas constructivas formadoras de relieve y fuerzas destructivas, por tanto el relieve es el escenario en el que actúan los otros componentes del paisaje sobre todo la vegetación, la fauna y la actividad humana, que se encargan de diferenciar unos paisajes de otros.

Las fuerzas que han intervenido en la formación de un paisaje continúan su acción en todo momento y hacen que la evolución de éste continúe; por tanto el paisaje que se contempla en un momento dado es una imagen instantánea dentro de un proceso en permanente evolución.

17.4. COMPONENTES DEL PAISAJE

En la observación de un paisaje se pueden distinguir tanto los ***componentes abióticos*** tales como el relieve, la naturaleza de las rocas, el agua, etc. y los ***componentes bióticos*** como la vegetación, la fauna y la actividad humana.

La superficie del terreno (pendiente, formas geológicas, relieve, etc.) es de gran importancia porque es la base del paisaje e influye en todos los demás componentes. La presencia de agua superficial, así como su quietud o movimiento, su sonido, la capacidad de actuar en ocasiones como espejo, son generalmente elementos dominantes en el paisaje en el que aparecen. Las estructuras destinadas a distintos usos del suelo (agricultura, construcciones, vías de comunicación, etc.) son elementos que por sus características visuales aparecen muy diferenciados en un paisaje y son el resultado de la acción humana sobre el entorno.

Al describir paisajes en función de la vegetación en sus distintas formas (árboles, arbustos, plantas herbáceas) se tiene en cuenta, además de los factores climáticos y fisiográficos, el porcentaje de cobertura, la densidad, el contraste cromático, etc. Los animales son considerados a veces como elementos accesorios de un paisaje, ya que solamente se les considera parte integrante del mismo en la medida en que son perceptibles. Sin embargo hay paisajes como la sabana africana o como los humedales, que no se conciben sin la presencia de grandes herbívoros o de aves acuáticas respectivamente (Figura 17.2).

Comenzando con la caza y la recolección, cuya influencia era mínima, el medio natural se ha visto permanentemente afectado por la actividad humana. Actividad que se fue incrementando con la apa-

FIGURA 17.2. La fauna puede ser un componente de un paisaje.

rición de la agricultura y la ganadería y con la explotación de otros recursos y que alcanzó el máximo grado de intervención con la llegada de la actividad industrial y el desarrollo de las nuevas tecnologías. Hoy en día apenas existen paisajes que puedan considerarse estrictamente naturales, puesto que siempre hay rasgos que ponen de manifiesto la actuación humana, la cual se ha intensificado enormemente en los últimos tiempos debido al crecimiento demográfico y a los progresos tecnológicos.

Uno o varios de los componentes de un paisaje pueden tener a veces un gran peso en el conjunto de la escena, sobre todo cuando reúnen condiciones singulares (gran valor estético o histórico, escasez, etc.). Las interacciones de sus diversos componentes son los que generan el valor de un paisaje.

17.6. ELEMENTOS VISUALES DEL PAISAJE

El análisis un paisaje desde una forma objetiva puede realizarse a través de una serie de elementos visuales tales como forma, línea, color, textura, escala y configuración espacial.

La ***forma*** se define como el volumen o superficie de un objeto u objetos que aparecen determinados tanto por la configuración que presentan en la superficie del terreno como por su emplazamiento en el paisaje. La presencia o ausencia de formas puede dar lugar a paisajes tridimensionales o bidimensionales respectivamente. Los elementos con movimiento, como el humo o las nubes y las corrientes de agua, atraen más la atención de las personas que observan un paisaje.

La ***línea*** puede definirse como el camino real o imaginario que se percibe al observar un paisaje cuando existen marcadas diferencias entre sus elementos visuales (forma, color, textura) o cuando los objetos se presentan con una secuencia unidireccional. Son ejemplos de líneas en el paisaje la silueta de la tierra contra el cielo, el límite de un bosque, un seto, etc. La línea se caracteriza por su fuerza, complejidad y orientación respecto a los ejes principales del paisaje. La fuerza viene dada por la intensidad y continuidad de trazo, así como por la longitud. La variedad de direcciones que sigue la línea define su complejidad.

El ***color*** es la propiedad de reflejar la luz con una determinada intensidad y longitud de onda, que permite al ojo humano diferenciar objetos que de otra forma serían idénticos. Se puede considerar como una de las principales propiedades visuales de un paisaje. Un paisaje de otoño en el que predominan los colores claros, cálidos y brillantes, llama más la atención que uno en el que predominan los colores fríos, oscuros y mates (Figura 17.3).

FIGURA 17.3. La combinación de colores produce un gran contraste visual.

La ***textura*** es la manifestación visual de la relación entre luz y sombra motivada por las variaciones existentes en una superficie continua. Se caracteriza por el grano, la densidad, la regularidad y el contraste interno. El grano es el tamaño relativo de las irregularidades superficiales presentes en un paisaje y puede ser grueso, medio y fino. Por ejemplo un pinar tiene un grano más grueso que una pradera. La densidad de especies vegetales influye en el tipo de textura ya que no es lo mismo la de un arbolado disperso que la una formación boscosa cerrada. Otro factor que influye en la textura es la regularidad, es decir, el grado de ordenación en la distribución espacial de los elementos superficiales, que puede ser al azar, en hileras, en grupos uniformes, etc. Por último también influyen en la textura de un paisaje la diversidad de colorido y la luminosidad, puesto que pueden producir escenas muy contrastadas o poco contrastadas (Figura 17.4).

FIGURA 17.4. Algunos ejemplos de la textura de paisajes. (a. grano, b. densidad, c. regularidad, d. contraste).

La ***escala*** es el elemento visual que permite apreciar la relación existente entre el tamaño de un objeto y el entorno donde se sitúa. La escala se establece normalmente mediante la comparación, consciente o inconsciente, del tamaño de los objetos contemplados, tomando como referencia objetos conocidos.

La ***configuración espacial*** es un elemento visual complejo en el que se aúnan las cualidades del paisaje determinadas por la organización tridimensional de los cuerpos sólidos y los espacios libres de la escena. La composición espacial define varios tipos de paisajes: panorámicos, cerrados, focalizados y singulares. En los paisajes ***panorámicos*** no existen límites aparentes para la visión, predominan los elementos hori-

FIGURA 17.5. Paisaje focalizado (Río Andarax. Almería).

zontales en el primer plano y el cielo domina la escena. En los paisajes ***cerrados*** existen barreras visuales, por ejemplo una valla de piedra, que condicionan la percepción del espacio. En los ***focalizados*** existen objetos alineados o líneas paralelas que convergen en un punto focal dominante, por ejemplo un camino, un río, etc. (Figura 17.5). Son paisajes ***singulares*** aquellos en los que hay un objeto que atrae la visión de forma predominante de quienes lo observan.

17.6. PERCEPCIÓN DEL PAISAJE

La percepción es la recepción y elaboración, en los centros nerviosos superiores, de datos proporcionados por los órganos de los sentidos. Entre estos centros nerviosos se encuentran los de la inteligencia, que permiten analizar, interpretar y casualizar los estímulos recibidos.

Hay cuatro elementos básicos en el hecho de percibir un paisaje:

- El propio paisaje, compuesto de formas naturales y antrópicas.
- La visibilidad, la zona de visión entre la persona que observa y el paisaje observado.
- La persona que observa y su entorno inmediato en cuanto que las características de éste permiten abrir varias posibilidades de interpretación, al incorporar diversas perspectivas de observación.
- La interpretación de los contenidos y significados del paisaje observado, que cierra el proceso de observación.

La ***percepción del paisaje*** es un proceso en el que los ojos que lo contemplan reciben información de dos tipos: concreta y abstracta. La información ***concreta*** la proporcionan los elementos que componen el paisaje (relieve, vegetación, etc.). La información ***abstracta*** proviene de los signos y disposición geométrica (formas, agrupamientos, etc.). Estas informaciones permiten forjar una concepción propia según las características socioculturales, psicológicas, edad, experiencia, intereses funcionales de cada persona, etc. Por ejemplo en la infancia se perciben con desagrado paisajes de sombras y contraluces ya que las imágenes mentales que estos crean son de temor, recelo o misterio. En la vejez se perciben como negativos los paisajes abruptos y de formas insólitas mientras que en la juventud esos mismos paisajes no producen rechazo ya que se asocian a la aventura y al riesgo.

17.6.1. Factores que modifican la percepción

La percepción visual de un paisaje depende, además de los componentes paisajísticos y de los elementos visuales, de la distancia desde la que se observa, de la posición, de las condiciones atmosféricas, de la iluminación, de la duración de la observación y del movimiento de quien observa. No se tiene la misma percepción de un bosque de día que de noche, ni tiene el mismo aspecto una vista del mar en día soleado, todo azul y luminoso, que en un día con nubes y con lluvia, cuando todo se ve gris y apagado.

La ***distancia*** genera disminución de nitidez en los planos de visión. Se pueden distinguir *planos de proximidad o primer plano* cuando se tiene una impresión detallada de los objetos, tanto del tamaño como del colorido. Cuando se perciben formas generales y líneas y se pierden los detalles de los objetos, pero se aprecia mejor la composición del conjunto, se tiene un *plano medio*. En un *plano de fondo* se aprecian siluetas pero las texturas son inapreciables. Al aumentar la distancia los colores se vuelven más pálidos y menos brillantes, tendiendo a los tonos azulados y grises.

La ***posición***. Los ángulos de visión modifican la percepción del paisaje. La visión perpendicular al perfil que se observa es más nítida que cuando es rasante. La elevación amplia el campo de visión y da una idea general sobre la disposición de los elementos del paisaje. A medida que se desciende las formas aparecen aumentadas y pierden perspectiva.

FIGURA 17.6. La nieve modifica la percepción del paisaje.

Las ***condiciones atmosféricas***. La nubosidad hace predominar las tonalidades oscuras y las superficies pierden brillo. Se difuminan las líneas y se pierde contraste en la textura. Por ejemplo la nieve y el hielo aumentan la luminosidad, la geometría de las formas, y la fuerza de las líneas (Figura 17.6).

La ***iluminación***. Existe una estrecha relación entre luz y visión y es evidente que la forma como este iluminado un paisaje influye en su percepción. La luz frontal reduce las sombras al mínimo, provoca una pérdida de perspectiva, pero mejora los colores. La luz lateral favorece los contrastes y realza las líneas y texturas, así como el relieve. La luz posterior enfatiza las siluetas.

La ***duración de la observación***. El tiempo que dura la observación influye en la profundidad y detalle del análisis del paisaje.

El ***movimiento de la persona*** que observa el paisaje hace que éste sea percibido como una secuencia de imágenes cambiantes mientras que si permanece inmóvil produce una imagen instantánea del mismo.

17.7. ANÁLISIS DEL PAISAJE

El análisis y valoración de un paisaje puede hacerse desde dos enfoques: el subjetivo y el sistemático. El ***análisis subjetivo*** se realiza a partir de su contemplación y se tienen en cuenta sobre todo aspectos plásticos: color, escala, etc. En el ***análisis sistemático*** se utilizan ciertas técnicas para tipificar y valorar el paisaje. Estas técnicas son la división del territorio en unidades para facilitar su estudio, la delimitación de la cuenca visual, la determinación de la calidad visual del paisaje y la fragilidad visual. Estas técnicas se utilizan sobre todo para estudiar áreas extensas.

17.7.1. Unidades de paisaje

Las unidades en las que se divide un paisaje para obtener una mayor información sobre sus características deben ser homogéneas, tanto en sus componentes como en su respuesta visual ante posibles actuaciones que supongan cambios en el mismo. Se debe establecer también la escala y el nivel de detalle con el que se quiere trabajar. En general se utilizan las siguientes formas: unidades irregulares extensas, unidades regulares y unidades mixtas, obtenidas por la combinación de las anteriores.

Las ***unidades irregulares*** son divisiones del territorio que se establecen atendiendo a los aspectos visuales o a los factores que se consideran como definitorios del paisaje. El procedimiento debe partir de la determinación de un elemento base, que sea el más representativo, y a continuación se realiza un inventario, de forma que el área quede dividida en superficies homogéneas respecto a dicho elemento.

Las ***unidades regulares*** son divisiones del territorio mediante una malla poligonal, de manera que cada retículo es una unidad de paisaje. Las mallas amplias se utilizan para inventarios regionales con poco detalle. La forma de las mallas está condicionada por la necesidad de construir un mosaico que recubra totalmente la superficie y las características del territorio Las figuras más utilizadas son las hexagonales, las cuadradas y las rectangulares.

Generalmente no es posible utilizar ninguna forma geométrica que encaje con las características fisiográficas del terreno; en este caso se suele realizar una primera zonificación de carácter irregular y a continuación otra constituida por una malla regular que se superpone con la anterior son las denominadas unidades mixtas.

17.7.2. Cuenca visual

La ***cuenca visual*** es la zona visible desde un punto o conjunto de puntos de un territorio. La cuenca visual se traza a partir del punto de visión mediante un haz de rayas que serán continuas si no hay sombras de observación o discontinuas si hay irregularidades del terreno que se interpongan. Este análisis se suele realizar casi exclusivamente con programas informáticos, a partir de las altitudes de los distintos puntos del territorio.

17.7.3. Calidad visual del paisaje

La ***calidad visual*** de un paisaje es el conjunto de valores estéticos que este posee. Su determinación tiene interés cuando se trata de intervenir sobre él. Los elementos que deben ser tenidos en cuenta al valorar la calidad de un paisaje son, por una parte las características visuales del lugar donde se encuentra la persona que realiza la observación, que recibe el nombre de ***calidad visual intrínseca*** y se define en función de las formas geológicas, la vegetación y la presencia de agua (Figura 17.7). Por otra parte ***la calidad visual del entorno inmediato***, es decir en la delimitada por círculo de radio de 500 a 700 metros que tiene por centro el lugar desde donde se realiza la observación. Está basada en la presencia de masa arbolada, de superficies de agua como embalses, ríos o arroyos, del modelado de las rocas, etc.

Finalmente se debe de tener en cuenta la ***calidad del fondo escénico***, es decir del entorno visual lejano que rodea a cada punto del paisaje. Para evaluarla se utiliza la intervisibilidad (posibilidad de ver vis-

FIGURA 17.7. La vegetación es un elemento a tener en cuenta al valorar un paisaje.

tas panorámicas desde un punto y a la vez la de contemplar dicho punto desde otros observatorios), la altitud del horizonte, la visión de láminas de agua, la singularidad de formas geológicas, la visión de masas arboladas o de afloramientos rocosos.

17.7.4. Fragilidad visual del paisaje

Se define ***fragilidad visual del paisaje*** como la capacidad de respuesta de un paisaje frente al uso que se hace de él. Es el grado de deterioro que experimenta ante cambios en sus propiedades y es una forma de establecer su vulnerabilidad. Lo contrario es la capacidad de absorción visual, entendida como la capacidad de recibir alteraciones sin deterioro de la calidad visual. Cuanto más frágil es un paisaje menor es su capacidad de absorción visual y viceversa.

Los factores que se tienen en cuenta para determinar la fragilidad visual son la cuenca visual ya mencionada, la vegetación, puesto que la presencia de arbolado disminuye la fragilidad del paisaje debido al efecto pantalla, la geomorfología, la accesibilidad del territorio de observación, dada por la distancia y acceso desde carreteras y poblaciones, y la presencia de elementos históricos, culturales o etnológicos de valor singular ya sea por la escasez, el valor tradicional o el interés histórico.

17.8. IMPACTOS EN EL PAISAJE

Se considera impacto paisajístico a todo cambio estructural o funcional producido por la actividad humana en alguno de los componentes naturales o en los elementos visuales del paisaje. En general los impactos paisajísticos producen una disminución de su calidad ambiental y visual. Son ejemplos de estas modificaciones la eliminación de la cobertura vegetal, la presencia de carreteras, canteras, etc. (Figura 17.8).

Las causas de los impactos paisajísticos pueden ser muy diversas:

Ocupación del territorio por asentamientos urbanos, industriales u obras públicas. Los movimientos de tierras generados por estas actuaciones alteran la vegetación y las formas naturales del relieve. En la construcción de vías de comunicación (carreteras, ferrocarriles, etc.),

FIGURA 17.8. Las canteras producen un grave impacto visual.

el empleo de maquinaria produce una gran removida de terreno creando zonas de las que se ha retirado gran cantidad de materiales originarios y provocando en unas ocasiones la aparición de oquedades y taludes y en otras la acumulación de residuos en vertederos y escombreras mineras. Estas acumulaciones suelen ser inestables y con poca cobertura vegetal y pueden dar lugar, por efecto de la lluvia y de la gravedad, a deslizamientos de tierras. Otros efectos son la aparición de líneas rectas no acordes con las formas geométricas del terreno. La mayoría de las obras humanas introducen líneas discordantes en el terreno, ya que éstas suelen ser rectas, y en la mayoría de los paisajes la única línea de estas características es la del horizonte.

Estas actuaciones también introducen nuevos colores ya que se emplean materiales de colores diferentes a los de la vegetación o por el contraste de color entre las edificaciones y los materiales del entorno. Finalmente la introducción de elementos de gran tamaño (silos, centrales nucleares, o fábricas de altas chimeneas) no acordes con la escala del lugar, ocasionan un gran impacto visual y suelen ser muy difíciles de camuflar.

Otra causa de impacto paisajístico por ocupación del terreno son la agricultura y la ganadería ya que se suele suprimir la vegetación arbórea para obtener pastos o tierras de cultivo.

FIGURA 17.9. Acumulación de residuos procedentes de la agricultura intensiva.

Otro grupo de impactos son los resultantes de la emisión y acumulación de residuos producidos por las actividades industriales y urbanas y también por las agrícolas sobre todo los cultivos intensivos que generan gran cantidad de plásticos procedentes de los invernaderos (Figura 17.9). Estas actividades originan contaminación visual del paisaje y pérdida de especies vegetales y animales por contaminación química de las aguas, causada por los vertidos tóxicos.

La extracción de recursos geológicos, como son las canteras o las minas a cielo abierto, provoca cambios en la morfología del relieve y en la vegetación, así como cambios cromáticos.

17.9. CONSERVACIÓN Y CORRECCIÓN DEL IMPACTO VISUAL

La conservación del paisaje como elemento estético de la naturaleza ha sido una de las inquietudes de las sociedades desarrolladas, sobre todo desde comienzos del siglo XX, al ver como ésta se degrada progresivamente debido a un progreso incontrolado.

En la ley 4/1989 de 27 de marzo, de conservación de los Espacios Naturales y de la Flora y Fauna silvestres de nuestro país, se recoge dicha inquietud y se crea un marco jurídico apropiado para poder desarrollar el mandato constitucional que reconoce que «todos tienen derecho de disfrutar de un medio ambiente adecuado para el desarrollo de la persona, así como el deber de conservarlo».

La conservación del paisaje implica dos modos de actuación: por una parte establece mecanismos preventivos, estudiando el impacto paisajístico que pueda causar cualquier actividad que se desarrolle sobre un paisaje y por otra mecanismos correctores para remediar errores cometidos.

Antes de realizar una actividad concreta en un área determinada es necesario evaluar previamente el impacto visual que tendrá en el paisaje característico de la zona. Esta evaluación se desarrolla siguiendo una serie de pautas:

- Informe sobre las características del proyecto a realizar, teniendo en cuenta el volumen de edificación, los materiales empleados, etc.
- Análisis y descripción del entorno paisajístico; para ello se identifican los elementos singulares y los usos a los que se ha sometido el paisaje hasta llegar a la situación actual.
- Determinación del área afectada visualmente por la actuación que se prevee sobre el paisaje.
- Valoración de los elementos que se van a introducir y su relación de dominancia respecto al entorno.
- Elaboración de una simulación de la actuación desde los puntos de observación elegidos, que sirva para determinar los posibles impactos.
- Evaluación final y propuesta de las medidas de corrección oportunas.

La ***restauración paisajística*** se realiza para corregir las alteraciones debidas a la actividad humana o a causas de tipo natural como los incendios forestales, que ocasionan un gran deterioro del paisaje. (Ver Tema 16).

Inicialmente cualquier intervención debe intentar el menor deterioro posible durante la actuación, conservando el mayor número de elementos naturales y culturales del paisaje. Se debe preservar la capa superficial del suelo para, una vez concluida la actuación, reinstalarla y lograr así una mejor restauración vegetal. Ésta se realizará con especies autóctonas, que ya están adaptadas a las condiciones del lugar y aportan además refugio y alimento a las especies animales. Se debe también controlar la posible erosión y reconstruir la topografía original del terreno sin introducir elementos que añadan artificialidad, para ello se debe evitar que las plantaciones sean perpendiculares o paralelas a las curvas de nivel.

Las escombreras, desmontes y terraplenes, que causan un fuerte impacto ambiental, deben ser escondidos para restaurar la calidad visual del paisaje. El método más utilizado es la creación de pantallas de vegetación: bandas de árboles y arbustos densas y altas a nivel del terreno o en caballones que oculten o enmascaren vistas desagradables.

EJERCICIOS DE AUTOCOMPROBACIÓN

1. ¿En base a qué se puede considerar que un paisaje es un sistema?
2. ¿Qué diferencias existen entre componentes y elementos visuales del paisaje?
3. Citar tres factores que pueden modificar la percepción del paisaje, poniendo ejemplos de los mismos.
4. Señalar la influencia de algunos elementos o componentes del paisaje en la fragilidad visual del mismo.
5. ¿Qué se entiende por impactos en el paisaje? Clasificarlos en función de los efectos que producen.
6. Analizar la siguiente fotografía y proponer soluciones para corregir el impacto visual.

IMPACTOS ECOLÓGICOS ANTROPOGÉNICOS. GESTIÓN AMBIENTAL. DESARROLLO SOSTENIBLE

18

Central térmica. Carboneras (Almería).

SUMARIO

OBJETIVOS

1. Conocer los principales contaminantes atmosféricos y su origen.
2. Relacionar problemas ambientales y de salud con distintos tipos de contaminantes.
3. Conocer las principales fuentes de contaminación de las aguas y sus repercusiones en el medio ambiente.
4. Establecer los impactos producidos por la extracción de recursos de la geosfera.
5. Valorar críticamente el problema que supone la producción de residuos para el medio ambiente.
6. Analizar la historia de las preocupaciones sociales sobre el medio ambiente.

18.1. INTRODUCCIÓN

La especie humana es el único organismo vivo que al contrario de todos los demás utiliza sistemáticamente los recursos naturales para superar las condiciones desfavorables en vez de adaptarse a ellas. Así ha creado un modo de vida diferente al de cualquier especie, la civilización, que le ha permitido colonizar la tierra y mejorar notablemente sus condiciones de vida, aunque con importantísimos efectos negativos sobre su entorno ambiental.

En los últimos 25.000 años la población humana ha pasado de unos 3 millones a más de 5.000 millones de individuos y continúa creciendo a un ritmo de unos 80 millones cada año. Este impresionante aumento plantea problemas urgentes y difíciles de resolver, que se agravan por la desigual distribución del crecimiento y de los recursos disponibles. En función de la renta *per capita,* el producto nacional bruto por habitante y otros indicadores económicos los países se dividen en ***desarrollados*** y los ***subdesarrollados***. En los primeros, con un nivel económico alto en comparación con el conjunto de naciones, es donde se concentra menos del 25% de la población pero más del 80% de la riqueza. En ellos predomina la idea de que la especie humana puede dominar la naturaleza, utilizándola en su propio beneficio, y de que la ciencia será capaz de resolver todos los problemas que se planteen en su relación con el medio. Todo esto ha conducido a una explotación incontrolada del patrimonio natural con el consiguiente peligro de agotamiento de recursos y una importantísima degradación ambiental.

En los países subdesarrollados, caracterizados por una alta tasa de natalidad y una riqueza mínima, es donde se encuentran la mayor parte de las materias primas consumidas en los países desarrollados, las cuales se encuentran sometidas a una sobreexplotación para pagar los intereses de la deuda externa sin que paralelamente se produzca una mejora del nivel de vida de sus habitantes.

Aunque durante mucho tiempo la Humanidad ha permanecido de espaldas a la naturaleza, desde hace un tiempo se ha empezado a tomar conciencia de los graves impactos que la actividad humana está ejerciendo sobre los grandes sistemas: atmósfera, hidrosfera, geosfera y biosfera del planeta Tierra.

18.2. IMPACTOS Y EFECTOS SOBRE LA ATMÓSFERA

La atmósfera es la capa gaseosa que rodea las superficies sólida y líquida de la Tierra. Está formada por una mezcla de gases y una serie de partículas sólidas (polvo, sales, humos, cenizas, microorganismos, polen, etc.) y líquidas (agua) en suspensión, que se encuentran en la parte baja de la atmósfera, y que en función de su tamaño tardan más o menos en depositarse sobre la superficie terrestre. Los gases (O_2, N_2, CO_2, gases nobles, H_2, metano, óxidos de nitrógeno, etc.) varían tanto en cantidad como en composición con la altitud.

En la atmósfera, según la composición química, se distinguen dos capas: la ***homosfera*** y la ***heterosfera***. La homosfera se extiende desde el nivel del mar hasta unos 100 km de altitud y aunque la densidad del aire disminuye con la altura, la proporción de los distintos gases, con la excepción del ozono y el vapor de agua que son variables, es bastante uniforme. La heterosfera se extiende desde los 100 Km de altitud hasta el límite exterior, no tiene una composición de gases uniforme y la densidad es muy baja.

Los procesos industriales, la obtención de energía, la quema de combustibles fósiles o los transportes son en gran medida responsables de los grandes problemas ambientales relacionados con la atmósfera ya que cambian su composición química.

18.2.1. Contaminación atmosférica

Cuando alguna sustancia, compuesto o forma de energía se encuentra en el aire en concentraciones de un nivel tal que puede causar daños o molestias a personas, animales, vegetación o materiales, se denomina ***contaminación atmosférica***.

Los contaminantes atmosféricos (ver Tabla 18.1) se pueden clasificar según su origen o su naturaleza. Si se tiene en cuenta el primer criterio se pueden distinguir:

TABLA 18.1. Contaminantes atmosféricos

Contaminantes	Fuentes antrópicas	Efectos
Partículas en suspensión	Combustión de carburantes. Extracciones industriales en minería. Transporte.	Enfermedades pulmonares y cardiacas. En la vegetación obstaculizan los estomas disminuyendo la fotosíntesis.
Compuestos de azufre SO_2, SO_3, H_2S	Combustión de carbón y petróleo. Calefacciones. Centrales térmicas. Refinerías. Industria papelera.	Enfermedades del aparato respiratorio. Sobre la vegetación por descenso del pH del suelo. Lluvia ácida.
Compuestos de nitrógeno NO, NO_2, N_2O	Uso indiscriminado de fertilizantes. Combustión de carbón y petróleo. Transporte e industria. Incineración de residuos.	En la vegetación produce la reducción de la fotosíntesis. Irritaciones en el aparato respiratorio. Lluvia ácida.
Compuestos de carbono CO, CO_2	Combustión de carbón y petróleo. Emisiones de vehículos.	Incrementa el efecto invernadero. Cambio climático.
Hidrocarburos	Transporte y venta de gasolina. Extracción de combustibles. Refinerías. Evaporación de disolventes orgánicos.	Incrementa el efecto invernadero.
Metales pesados Be, Cd, Pb, Hg, Ni, etc.	Carburantes. Minería. Industria energética nuclear.	Enfermedades pulmonares y cardíacas. Efectos cancerígenos.
Compuestos orgánicos volátiles, COV_s, dioxinas, furanos, etc.	Combustión de carburantes y biomasa. Industrias químicas de pesticidas. Incineración de residuos que contengan cloro (PVC).	El etileno produce daños en la vegetación (caída de hojas, alteraciones en las hojas) Smog. Efectos cancerígenos.
Halógenos, compuestos halogenados, y derivados Cl_2, HCl, HF, CFCs, PVC, etc.	Industrias químicas. Incineración de residuos plásticos. Fertilizantes. Industria de cerámica y vídrio. Sprays. Industrias del frío.	Reducción de la capa de ozono. Daños en la vegetación. Efectos cancerígenos.
Compuestos radioactivos	Industria energética nuclear.	Efectos cancerígenos.

Contaminantes biogénicos o de origen natural. Son debidos a la actividad geológica de la tierra y otros procesos de la naturaleza. Los volcanes son una de las fuentes naturales que aportan mayor cantidad de polvo que, debido a la acción del viento, puede diseminarse por la atmósfera. Los incendios forestales y la descomposición de la materia orgánica en el suelo y los océanos son otras fuentes de emisión de partículas sólidas.

Contaminantes antropogénicos. Son consecuencia de la actividad humana. La mayoría proceden de la utilización de combustibles fósiles en las calefacciones, industrias, automóviles, etc.

Según la naturaleza de los contaminantes se pueden distinguir tres tipos: contaminantes químicos, contaminantes físicos y contaminantes biológicos.

Contaminantes químicos. Estos a su vez se pueden clasificar en primarios y secundarios. Los *contaminantes primarios* son aquellas sustancias vertidas directamente a la atmósfera. Los más representativos son las partículas en suspensión (cenizas, humos, etc.), los óxidos de azufre (SO_2 y SO_3), los óxidos de carbono (CO y CO_2), óxidos de nitrógeno (NO_x), el amoníaco (NH_3), el sulfuro de hidrógeno (H_2S), los clorurofluorcarbonos (CFC_s), los compuestos orgánicos volátiles (COV_s), furanos y dioxinas, derivados halogenados, etc. Los *contaminantes secundarios* son aquellos que se forman, por interacción química, entre contaminantes primarios y compuestos habituales de la atmósfera gracias a la energía solar como el PAN (nitrato de peroxiacetilo), el ozono (O_3), etc. (Figura 18.1).

La vida media de los contaminantes puede dar una idea del grado de reactividad que poseen: cuanto mayor sea su vida mayor será el tiempo de permanencia en la atmósfera y más lejos podrán ser transportados.

Contaminantes físicos. Se producen por la liberación al medio ambiente de distintos tipos de energía, con efectos perjudiciales sobre las personas o sobre el medio. Las principales fuentes de contaminación física son la contaminación acústica, la térmica y la radioactiva.

La *contaminación acústica* se debe al ruido producido por la circulación de vehículos, el tráfico aéreo, la construcción, la industria, etc.

La *contaminación térmica* se debe al calor desprendido por pérdidas en las centrales térmicas y en las nucleares. Las centrales térmicas según el sistema de enfriamiento que posean ocasionan problemas

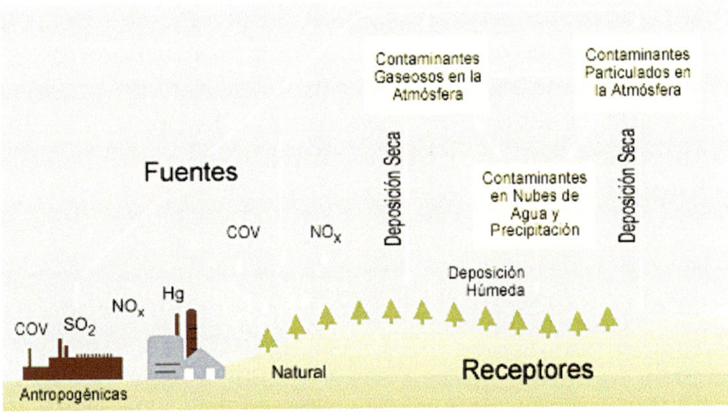

FIGURA 18.1. Modo de actuación de los contaminantes atmosféricos.

ambientales ya que el agua evaporada puede provocar un aumento de pluviosidad.

Las *radiaciones* son un fenómeno de la naturaleza que ha crecido vertiginosamente en el último siglo. Estas radiaciones pueden ser ionizantes tales como los rayos X, gamma, partículas alfa, beta, protones y neutrones, y no ionizantes como las radiaciones de alta frecuencia, microondas, rayos infrarrojos, etc. Las fuentes principales de este tipo de contaminación son de dos tipos: naturales, provenientes de los elementos radioactivos presentes en la naturaleza, y artificiales, que proceden sobre todo de actividades médicas, actividades militares, centrales nucleares, etc.

Contaminantes biológicos. Incluyen bacterias, virus, hongos, polen que provocan enfermedades infecciosas y alergias.

18.2.2. Efectos de la contaminación atmosférica

Los cambios en las proporciones normales de los componentes del aire ocasionan efectos negativos en los seres vivos, en los materiales y en los ecosistemas, que pueden valorarse a corto o a largo plazo. Si se tiene en cuenta el radio de acción se puede hablar de efectos locales, regionales o globales

El smog

Se produce a consecuencia de la acumulación en las capas bajas de la atmósfera de gases contaminantes como el ozono, los óxidos de azufre y nitrógeno, etc. Hay dos tipos de smog: el smog clásico y el fotoquímico. El primero se produce por la acumulación de contaminantes primarios generados por la combustión de derivados del petróleo, mientras que el segundo se origina por la presencia de contaminantes secundarios como el ozono, nitrato de peroxiacetilo, y otros oxidantes fotoquímicos.

El ***smog*** afecta a la salud de las personas produciendo irritaciones oculares, afecciones respiratorias, alergias, etc. Los efectos más perjudiciales los sufren los vegetales, que resultan seriamente dañados con la decoloración de las hojas y la aparición de manchas en su envés. También actúa sobre diversos materiales petrológicos alterando gravemente su estructura.

La lluvia ácida

La lluvia no contaminada tiene un pH ligeramente ácido (5,6) debido a la concentración de CO_2 que hay en la atmósfera pero puede combinarse con iones hidrógeno que modifican su pH haciéndolo más ácido y pasa a denominarse lluvia ácida. Ésta se forma cuando las emisiones de dióxido de azufre y óxidos de nitrógeno reaccionan en la atmósfera con el agua y se forma ácido sulfúrico y ácido nítrico. Estos ácidos son muy solubles en agua y actúan como núcleos de condensación de las precipitaciones; cuando las gotas cargadas de ácidos caen a tierra constituyen la lluvia ácida, aunque el depósito puede producirse también en forma de nieve o rocío.

El fenómeno de la lluvia ácida se caracteriza por los efectos negativos que produce en amplias zonas muy alejadas de los focos emisores de contaminantes. Las altas chimeneas usadas en las últimas décadas para evitar la contaminación local, proyectan los contaminantes a niveles donde pueden ser fácilmente transportados por el viento a regiones y países distintos de los productores. El transporte está condicionado por la circulación atmosférica. La lluvia ácida se puede ver frenada por los cationes Na^+, K^+, Ca^{2+}, Mg^{2+} y NH_4^+, que básicamente proceden de la evaporación de los océanos.

La ***lluvia ácida*** no es una gran amenaza para la salud humana pero sí para los ecosistemas ya que actúa sobre los suelos, sobre la vegetación y sobre las aguas (Figura 18.2).

Sobre los suelos produce la acidificación de los mismos y altera todos los procesos químicos que en ellos ocurren. Sin embargo los efectos son diferentes según la composición mineralógica y la cantidad de humus del suelo. En suelos básicos los efectos nocivos son menores, pues las sustancias alcalinas que contienen pueden neutralizar la acidez del agua, lo que no ocurre en suelos ácidos que resultan por ello más afectados. En suelos con una capa importante de humus la acción de la lluvia ácida es menor ya que los componentes alcalinos e iones metálicos neutralizan la acidez.

La lluvia ácida actúa sobre la vegetación, en especial sobre las coníferas, ya que provoca la corrosión de las hojas, que son atacadas en la cutícula. Éstas se vuelven amarillas y se inicia un proceso, generalmente irreversible, que lleva a la defoliación y finalmente a la muerte de las plantas. A la lluvia ácida se le atribuye el declive de los bosques escandinavos, los estadounidenses de los Apalaches y los alemanes de la Selva Negra, afectando en este último caso a más del 30% de ellos.

En ríos y lagos la acción de la lluvia ácida es rápida, dañando a las comunidades acuáticas, muy poco tolerantes a descensos del pH del

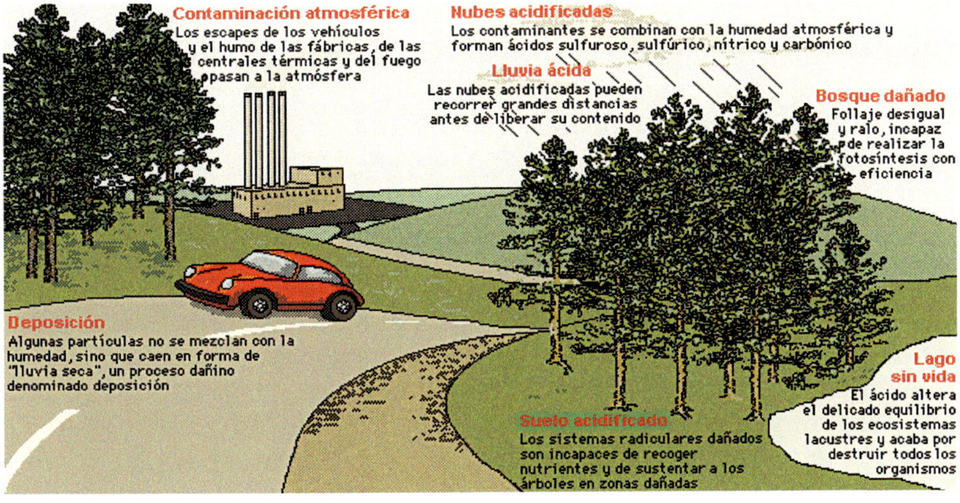

FIGURA 18.2. La lluvia ácida es una grave amenaza para los ecosistemas.

medio, y llevando a su desaparición. Causan efecto de asfixia impidiendo la respiración de los organismos acuáticos al aumentar la cantidad de CO_2 disuelto. Estos efectos disminuyen con la renovación de las aguas y con la presencia de factores neutralizantes como los suelos calizos y los ácidos húmicos. Si el proceso continúa puede provocar la muerte total de los lagos, sobre todo si el agua se asienta sobre una depresión de rocas pobres en calcio que no pueden neutralizar la acidez.

Prácticamente toda la península Ibérica está afectada por la precipitación ácida, no alcanzándose los valores globales del resto de Europa, cuyo pH oscilan entre 4,2 y 5,0, salvo dos focos de acidez, de 4,6 y 4,8 en la zona centro y en el suroeste español.

La destrucción de la capa de ozono

La peligrosa radiación ultravioleta que llega a la superficie terrestre es menos del 10% de la que, procedente del Sol, llega a la atmósfera superior, gracias a la llamada pantalla de ozono de la estratosfera, con una concentración máxima a los 30-40 Km de altura. La capa de ozono se forma y destruye continuamente, manteniéndose en equilibrio natural desde que la fotosíntesis enriqueció de oxígeno la primitiva atmósfera reductora. Se produce sobre todo en las zonas ecuatoriales, pero es transportado por los vientos violentos de la estratosfera y es más abundante encima de los polos en el equinoccio de primavera.

Los agentes destructores del ozono son los óxidos de nitrógeno, que de manera natural, se forman al reaccionar el oxígeno con el nitrógeno por la alta energía de los relámpagos de las tormentas. También determinadas actividades humanas tales como combustiones a altas temperaturas, aviones supersónicos, o desnitrificación de suelos, generan óxido de dinitrógeno. La concentración de N_2O aumenta un 0,25% por año, calculándose que en el año 2040 será un 50% superior a la actual.

Los clorofluorocarbonos CFCs son derivados clorados y fluorados del metano o de otros hidrocarburos simples. Por ser estables, químicamente inertes, no tóxicos, no inflamables y buenos disolventes se usan como propelentes de aerosoles, en la industria del frío y como agentes inflables de espumas. En la estratosfera estos compuestos, se descomponen en cloro activo por un proceso de fotolisis. Cada molécula de cloro libre puede destruir unas 10.000 moléculas de ozono (Figura 18.3). Aunque su uso está prohibido o regulado, la concentración de CFCs en la estratosfera, aumenta un 4% anualmente, debido a la lenta expulsión a la atmósfera de los materiales que los contienen.

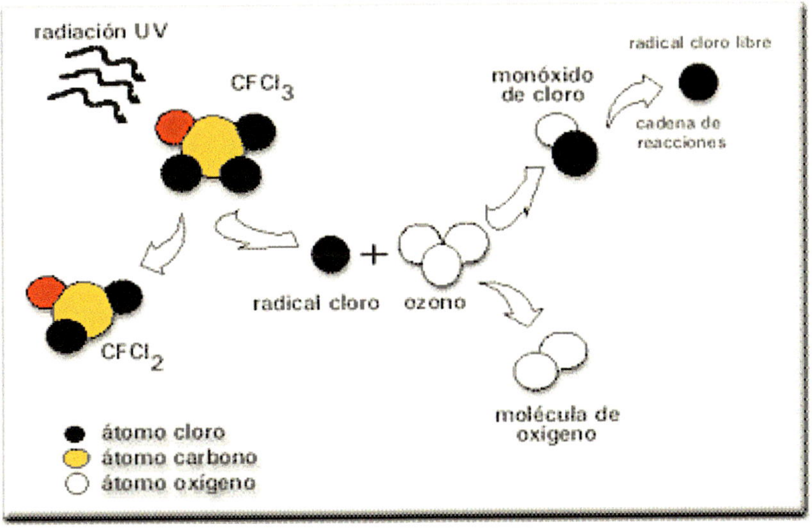

FIGURA 18.3. Mecanismos de actuación de los CFCs sobre el ozono.

El efecto del uso de estos gases es la progresiva disminución de la capa de ozono estratosférico, que provoca un incremento de la radiación ultravioleta que llega a la superficie terrestre, y que produce una mayor frecuencia de cánceres de piel, daños oculares, debilitamiento del sistema inmunológico y alteraciones en las cadenas tróficas, sobre todo en el fitoplancton de los océanos.

Incremento del efecto invernadero

Se utiliza el término ***efecto invernadero*** para referirse al papel que desempeña la atmósfera en el calentamiento de la superficie terrestre. La atmósfera es prácticamente transparente a la luz visible e infrarroja de onda corta que nos llega del Sol. La mayor parte de ella es absorbida y posteriormente se vuelve a emitir en forma de radiación infrarroja de onda larga. Esta energía se transforma en calor al ser captada por algunos gases de la atmósfera y actúa como una manta que impide que la Tierra se enfríe, recuperando parte de la energía devuelta por la Tierra.

El efecto invernadero natural es importante, pues sin él la temperatura media superficial terrestre sería de –18 °C y con él es de +15 °C, permitiendo la vida en la Tierra en las condiciones que conocemos (ver Tema 2).

El oxígeno y el nitrógeno, componentes mayoritarios de la atmósfera, no pueden captar los rayos infrarrojos terrestres, siendo los componentes minoritarios (CO_2, CH_4, N_2O, CFC, O_3) cuyas concentraciones son muy dependientes de las actividades humanas, los que realizan esta acción, junto al vapor de agua.

Actualmente las concentraciones de los gases del efecto invernadero son más elevadas que nunca, y aumentan de manera constante. La cantidad de calor que «atrapan», y por tanto la contribución al efecto invernadero, está en función de sus concentraciones y de su capacidad para absorber los rayos infrarrojos. Sus concentraciones dependen de la actividad humana y también de los ciclos terrestres de la materia que los emiten, absorben y retienen de manera natural. Su incremento provoca una elevación de la temperatura terrestre.

El gas de mayor influencia es el dióxido de carbono; se estima que su contribución al efecto invernadero varía entre el 55 y el 80%. El CO_2 no se considera un contaminante, pues es un componente natural del aire y es fijado por la fotosíntesis de las plantas incorporándolo a la materia orgánica. Se libera por la respiración de los organismos aerobios. Como consecuencia de su ciclo natural experimenta fluctuaciones diarias y estacionales. Otro factor natural que afecta a la concentración de CO_2 es la capacidad de absorción de los océanos, que puede sobrepasar el 70% del CO_2 producido. Esto se debe a la solubilidad del gas en el agua, originándose carbonato cálcico que queda depositado en los fondos marinos o formando parte de caparazones y exoesqueletos de animales marinos (ver Tema 15).

Este ciclo natural se desquilibra por la producción de CO_2 en la quema de combustibles fósiles, en la fabricación del cemento y en la intensa deforestación; por ejemplo la Amazonia perdió en el año 2004 más de 26.000 Km^2 de selva. Esta producción antrópica lleva un ritmo que no puede ser absorbido por la acción conjunta de la fotosíntesis y del almacenamiento subterráneo y marino.

El metano CH_4 es el segundo contribuyente al efecto invernadero que ha sufrido un aumento de producción en los últimos años, debido a las fermentaciones del aparato digestivo del ganado, los arrozales, las fugas de oleoductos, los vertederos de residuos sólidos y la combustión de biomasa.

Consecuencia del efecto invernadero es un calentamiento significativo de la atmósfera terrestre, que de mantener el actual nivel de emisiones sería de 0,3 °C cada 10 años, con aumentos de 2 a 6 °C para mediados del actual siglo XXI. Este aumento de temperatura provocaría un ***cambio climático*** que produciría una distribución diferente de tierras y mares por el ascenso del nivel del mar, debido al deshielo de los casquetes polares.

La gravedad del problema generado por el aumento del efecto invernadero fue tratado en la Conferencia de las Naciones Unidas sobre el Medio ambiente y el Desarrollo (1992), en la que se elaboró el convenio sobre el cambio climático. En dicha conferencia se pretendía conseguir un calendario vinculante para la reducción de las emisiones de CO_2 de forma que en el año 2000 se alcanzaran los niveles de 1990. Siete años más tarde, en Kyoto (Japón), se aprobó un protocolo en el que se recogía el acuerdo de los países participantes de reducir en el periodo 2008-2012 sus emisiones de efecto invernadero en un 5,2% como media, respecto al nivel de 1990. Los países de la Unión Europea se comprometieron a disminuirlo en un 8%. Este porcentaje medio permitía la posibilidad de aumentar sus emisiones a algunos países y obligaba a reducirlo a otros. El protocolo de Kyoto ha entrado en vigor en el año 2005 y cuenta con el apoyo de 141 países, pero EE.UU. no lo ha ratificado, y China y la India no están obligadas a reducir sus emisiones ya que el acuerdo sólo obliga a los países desarrollados (ver Figura 18.4).

En junio de 2005, once academias nacionales de ciencias, incluidas las de los países más desarrollados, han firmado dos manifiestos para convencer a sus líderes políticos de la realidad del cambio climático, de sus previsibles consecuencias catastróficas y de la necesidad urgente de acordar acciones para frenar las emisiones de gases de efecto invernadero que lo causan.

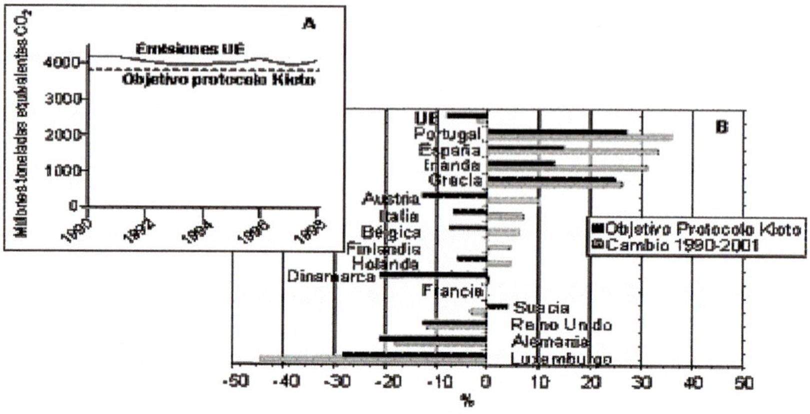

FIGURA 18.4. Emisiones de gases de efecto invernadero.

18.3. IMPACTOS Y EFECTOS SOBRE LA HIDROSFERA

Entre 1950 y 1990 se ha cuadruplicado el consumo de agua, principalmente para la agricultura, y en menor medida para la industria y el consumo humano. Estos incrementos han supuesto una sobreexplotación de los recursos hídricos y paralelamente han provocado un aumento de las aguas residuales y contaminadas, porque no existen infraestructuras para su tratamiento. El resultado es que hoy día la mitad de los acuíferos mundiales están en mayor o menor medida contaminados.

Según la naturaleza de los contaminantes presentes en las aguas se habla de tres tipos de contaminación: física, química y biológica. La ***contaminación física*** es la producida por el calor, los sólidos en suspensión, las sustancias químicas y las partículas radiactivas que dan lugar a fenómenos físicos como la temperatura, el color, la turbidez y la radioactividad.

El ***calor.*** La utilización de grandes cantidades de agua en los circuitos de refrigeración de las industrias térmicas, nucleares y siderurgias ocasiona el calentamiento del agua. La modificación de la temperatura produce una variación en el ciclo vital de muchos organismos acuáticos. También incide en la variación de los niveles de oxígeno disuelto en el agua ya que a mayor temperatura menor concentración de oxígeno, lo que reduce la capacidad autodepuradora de las aguas y eleva la toxicidad de algunas sustancias.

Los ***sólidos en suspensión.*** La presencia de partículas coloidales o muy finas en suspensión, tanto orgánicas como inorgánicas, provenientes de las industrias y explotaciones mineras, produce turbidez en las aguas. Ésta afecta de manera negativa a la fotosíntesis, ya que disminuye la transparencia de las aguas y por tanto la penetración de la luz.

Las ***sustancias químicas.*** Determinadas sustancias tales como taninos o los óxidos metálicos, procedentes de tintorerías, siderurgias, etc. colorean las aguas e influyen en la penetración de la luz y por tanto en el rendimiento de la fotosíntesis.

Las ***partículas radioactivas.*** Los residuos radioactivos procedentes de hospitales y centrales nucleares emiten partículas radioactivas que pueden producir la muerte o lesiones graves en los organismos acuáticos si afectan a sus células somáticas o producen mutaciones si afectan a sus células germinales.

La ***contaminación química.*** Se origina por sustancias químicas sólidas, líquidas o gaseosas que se presentan disueltas o en suspensión. Proceden de actividades industriales, de actividades domésticas y de actividades agrícolas.

Los contaminantes químicos pueden ser inorgánicos y orgánicos. Los ***inorgánicos*** son ácidos, álcalis, metales tales como mercurio, cadmio, cromo o plomo, sales como cianuros. Algunas de estas sustancias son descompuestas por microorganismos aerobios, es decir son biodegradables como por ejemplo los nitratos o fosfatos, pero otras, como los metales pesados, no lo son. Las sustancias tóxicas son letales a una cierta concentración, y si la concentración es tolerable se van acumulando en cada eslabón de la cadena trófica hasta llegar a concentraciones perjudiciales, que afectan sobre todo a los niveles tróficos más altos. Los contaminantes ***orgánicos,*** tales como plásticos, alquitranes, pesticidas, etc. producen una disminución del oxígeno disuelto, al ser consumido por las bacterias aerobias. Es necesario mencionar la contaminación producida por los detergentes, que son sustancias tensoactivas que disminuyen la tensión superficial del agua. Ello origina espumas que dificultan el intercambio gaseoso de los organismos acuáticos y al contener polifosfatos eutrofizan las aguas. Los pesticidas son en muchos casos tóxicos y al ser poco degradables se acumulan a lo largo de la cadena trófica.

La ***contaminación biológica.*** El agua puede contener materia orgánica y microorganismos que la convierten en causa o vehículo de enfermedades tales como el tifus, la disentería, la malaria, etc.

18.3.1. Efectos de la contaminación en los ríos y lagos

Los numerosos contaminantes que de una u otra forma llegan a las aguas superficiales disminuyen su calidad, producen alteraciones en la estabilidad de los ecosistemas acuáticos y reducen su capacidad recreativa y su valor estético.

Uno de los ejemplos más llamativos de la ruptura del equilibrio biológico de los ecosistemas acuáticos es la ***eutrofización.*** Éste fenómeno se produce principalmente en lagos y embalses, aunque también se da en ríos de régimen lento e incluso en algunas zonas litorales. Es debido a un exceso de nutrientes, en concreto fósforo y nitrógeno, especialmente el primero por su carácter limitante para los vegetales (Figura 18.5).

La eutrofización de un lago es un fenómeno natural que se produce muy lentamente y que termina con la transformación del mismo en una zona pantanosa. Sin embargo el uso abusivo de fertilizantes y detergentes ha provocado una aceleración de este fenómeno en muchos lagos. En este proceso se pueden diferenciar tres etapas: en la primera denominada ***proliferación del fitoplancton*** el exceso de nitratos y fosfatos en las aguas favorece un rápido y excesivo crecimiento de las algas y plantas acuáticas, que recubren y enturbian las aguas, adquiriendo estas una coloración verdosa, amarillenta o pardusca, que impide que la luz solar alcance mayor profundidad.

En la segunda etapa tiene lugar la ***degradación aerobia de la materia orgánica***, producida por la acumulación en los fondos de

FIGURA 18.5. En los lagos se dan procesos de eutrofización de forma natural.

gran cantidad de organismos fotosintetizadores muertos. Las bacterias aerobias descomponen esta materia orgánica necesitando para ello gran cantidad de oxígeno, por lo que éste empieza a escasear, produciéndose situaciones de anoxia y de merma de la capacidad autodepuradora. El resultado es que, al verse privados de oxígeno, mueren también las poblaciones de animales.

Por último tiene lugar la ***degradación anaerobia*** de la materia orgánica realizada por bacterias anaerobias. Estas fermentan la materia orgánica y se desprenden sustancias como el H_2S, NH_3, CH_4, que proporcionan mal sabor y olor a las aguas.

Los ríos se defienden de la contaminación por su propia dinámica que les permite diluir los contaminantes, además de poseer sus propios procesos autodepurativos.

18.3.2. Efectos de la contaminación en las aguas subterráneas

Las aguas subterráneas se han considerado desde siempre de mayor calidad que las aguas superficiales, y por ello más aptas para el consumo humano, ya que en principio se encuentran resguardadas de la contaminación. El desarrollo actual de las actividades antropogénicas ha generado dos grandes problemas que afectan a esta importantísima reserva de agua: ***la sobreexplotación y la contaminación***.

Las aguas subterráneas están comenzando a agotarse en muchas zonas con el agravante de que muchos acuíferos explotados están situados en zonas de nula recarga. Otras veces si hay posibilidades de recarga, pero ésta es insuficiente para compensar las extracciones por lo que el nivel freático desciende y si este descenso tiene lugar cerca del mar se produce un fenómeno de ***intrusión marina.*** El mar invade los poros que deja el agua dulce y, al tener mayor densidad, el agua salada termina por desalojar toda el agua residual, hasta que el acuífero queda totalmente invadido por agua salobre. En España, casi todos los acuíferos de la costa mediterránea están salinizados en mayor o menor medida. Lo mismo ocurre en las islas orientales de Canarias.

La contaminación de las aguas subterráneas es más grave que la de los ríos porque con frecuencia no se detecta hasta pasados unos meses o años. Las aguas subterráneas no pueden autodepurarse debido a la escasez de oxígeno disuelto y de microorganismos, así como a la dificultad de dilución y dispersión de los contaminantes. La gran lentitud en el desplazamiento de las aguas subterráneas implica que la expulsión de los contaminantes al mar o al exterior del acuífero tarde cientos de años.

Las causas de esta degeneración de los acuíferos son las filtraciones de agua usada en la industria, la agricultura, la ganadería y actividades mineras, o los vertidos de aguas residuales de zonas urbanas.

18.3.3. Efectos de la contaminación en las aguas marinas

Tradicionalmente se han considerado los océanos y los mares como los vertederos naturales, donde podían ir a parar todo tipo de sustancias sin que ello constituyese un grave problema medioambiental, ya que el volumen de agua permitía la dilución de los productos y los distintos organismos de las cadenas tróficas purificaban las aguas. Sin embargo, dado el volumen de contaminación actual, la situación ha cambiado en poco tiempo.

Las fuentes de contaminación de los océanos y mares son las aguas continentales contaminadas, la descarga directa en el mar de las aguas residuales urbanas (Figura 18.6) e industriales y los vertidos de petró-

FIGURA 18.6. Los emisarios de aguas residuales son una de las principales fuentes de contaminación marina.

leo (ver Tema 8). Su estado de salud depende por tanto de muchas variables, y será mucho más difícil diagnosticar, y probablemente remediar, que el de un río o un lago.

En algunos casos los vertidos no se hacen al mar, sino en el mar, como cuando se cargan barcazas y se vierten al océano, basuras, residuos industriales e incluso residuos nucleares. El principal argumento para esta práctica es que los detritos desaparecen de la vista de una forma rápida y barata. En otros casos son accidentales, como el caso del Prestige, vertiéndose al agua toneladas de petróleo causando verdaderos desastres ecológicos.

18.4. IMPACTOS Y EFECTOS SOBRE LA GEOSFERA

La especie humana ha utilizado desde siempre los recursos naturales de la Tierra en beneficio propio. La explotación de estos recursos ha ido variando según las necesidades y el desarrollo tecnológico. Muchos de los recursos minerales se utilizan como fuente de energía y como materias primas para la industria, y la explotación de estos recursos va ligada a la modificación y alteración de las características de la zona afectada por las extracciones.

Los impactos de la actividad minera son muy numerosos y afectan tanto a la geosfera como a la biosfera. Las alteraciones producidas en el medio físico inciden sobre la calidad de las aguas y su circulación hidrológica, ya que se contamina por el lavado de los minerales o por escorrentía de las escombreras. También afectan a la morfología del terreno y el paisaje ya que producen socavones, pérdida de la cobertura vegetal, etc. (Ver Tema 17).

La minería incide sobre los ecosistemas al alterar el biotopo pero también modificando las comunidades vivas, ya que para corregir la pérdida de cobertura vegetal se suelen utilizar especies que favorezcan una rápida sustitución del paisaje.

De todos los recursos utilizados los que tienen mayor problemática ambiental son los derivados de la extracción y uso de las energías, ya que son los que producen los deterioros más graves en los ecosistemas. En todos los sistemas de explotación y producción de energía se produce una alteración visual del paisaje así como una pérdida de calidad del agua y del aire. También se alteran los ecosistemas ya que como se ha tratado anteriormente se produce contaminación térmica, contaminación atmosférica y contaminación de las aguas superficiales, en las zonas de extracción y oceánicas, por vertidos durante la extracción o el transporte, como en el caso del petróleo.

18.5. IMPACTOS Y EFECTOS SOBRE LA BIOSFERA

La relación de impactos y efectos ocasionados por la actividad humana sobre la biosfera es muy extensa: sobreexplotación de recursos, destrucción de habitats, pérdida de diversidad de especies, deforestación, pérdida de suelos, desertificación, etc., la mayoría de ellos han sido ya desarrollados, en mayor o menor medida, en los distintos temas de este libro. Faltaría por tratar no obstante la serie de problemas generados por la producción de residuos.

18.5.1. Residuos generados en los ecosistemas naturales y urbanos

El crecimiento demográfico humano y el desarrollo industrial alcanzado por la sociedad, son las causas de que, en la actualidad, la humanidad genere una serie de subproductos que no utiliza: los ***residuos***. En las sociedades desarrolladas, la producción de residuos domésticos se cifra en unos 3 Kg. por habitante y día. Si se cuentan otros residuos, como los agrícolas o los industriales, se pueden alcanzar cantidades de 50 Kg. por habitante y día. Hasta ahora se ha optado por almacenarlos, ocultarlos o enterrarlos para no sufrir su presencia, pero la cantidad generada y la dificultad de encontrar lugares adecuados es tan grande que ha hecho necesario buscar alternativas para su tratamiento y ha impulsado la idea de potenciar su reciclaje.

Para clasificar los residuos se utilizan diversos criterios; unos hacen referencia a su origen y otros al tratamiento común que se les puede dar. En general se pueden clasificar en urbanos, agrícolas, ganaderos y forestales, industriales, mineros, sanitarios y radioactivos.

Los ***residuos sólidos urbanos.*** En esta categoría se agrupan los residuos generados en los domicilios, comercios y servicios, los ocasionados por la limpieza de calles, los que se generan por abandono de enseres, animales muertos, etc., es decir lo que se conoce como ***basuras,*** que acabaran en vertederos controlados. Éstos deben estar situados sobre suelos impermeables o impermeabilizados de forma artificial, tener un sistema de recogida de los líquidos circulantes y tener un sistema de enterramiento que funcione con regularidad.

Los ***residuos sólidos agrícolas, ganaderos y forestales.*** Los restos orgánicos son por lo general fácilmente degradables por la acción de microorganismos descomponedores que se ocupan de su mineralización. Frecuentemente son utilizados como abonos, pero en ocasiones los restos procedentes de las explotaciones ganaderas intensivas, que son fundamentalmente el estiércol y los purines, se depositan en tales cantidades que pueden llegar a contaminar las aguas subterráneas. Las medidas correctoras para reducir sus efectos son múltiples, incluyendo tratamientos dentro de la propia explotación o el traslado a instalaciones adecuadas.

Los residuos agrícolas y forestales de carácter vegetal pueden descomponerse de forma natural, aportando materia orgánica al suelo; otras veces son quemados o bien se utilizan para hacer compost.

Los ***residuos industriales.*** Se generan como consecuencia del proceso productivo industrial, algunos de ellos pueden ser asimilables a los residuos sólidos urbanos y su gestión y eliminación es similar. La industria también genera residuos inertes procedentes de la construcción y derribo de edificios, y la mayoría de los residuos tóxicos y peligrosos. En España, la producción de residuos tóxicos y peligrosos se reparte entre la industria química (30%), la industria papelera y de celulosas (27%), la industria de transformados metálicos (23%) y las industrias siderurgias, textiles, de alimentación, etc. (20% restante). Su gestión pasa por el reciclado en las propias industrias, por tratamientos físico-químicos neutralizantes y por el almacenamiento en depósitos de seguridad.

Los ***residuos mineros.*** Están compuestos por escombros procedentes de las excavaciones, fragmentos de rocas asociadas a los minerales útiles, restos del lavado de dichos minerales, escorias residuales de las fundiciones o cenizas resultantes de la quema de carbón. Se concentran en las escombreras de las minas y en las instalaciones de transformación, y la legislación actual les obliga a restaurar con vegetación, simulando lo más posible las condiciones anteriores a la explotación; también deben gestionarse las aguas de escorrentía para evitar la erosión y la contaminación de las aguas subterráneas.

Los ***residuos sanitarios.*** Se producen en hospitales y centros de salud y suelen dividirse en residuos asimilables a los urbanos (residuos de cocina, embalajes, etc.), residuos sanitarios sin peligrosidad específica (vendajes, apósitos, goteros, etc.) y los peligrosos e infecciosos. A éste último grupo pertenecen los cultivos patógenos y material contaminado, y los residuos químicos, radiológicos, antitumorales, etc.

Los ***residuos radioactivos.*** Son aquellos que se caracterizan por emitir partículas o radiaciones ionizantes. Se producen en las centrales nucleares en funcionamiento o en las que se desmantelan. También se generan residuos radiactivos durante los procesos de extracción, enriquecimiento y explotación de los minerales de uranio. Otras fuentes de residuos de este tipo son los pararrayos radioactivos que se han desmantelado, los residuos de hospitales y los reactores experimentales de centros de investigación. Estos residuos son los más peligrosos por sus efectos sobre la salud y la larga duración de su actividad. Todo ello supone un problema ambiental sin soluciones satisfactorias ya que deben ser tratados para disminuir su actividad y almacenados de forma definitiva en superficie, o subterráneamente en zonas geológicas estables (Figura 18.7).

FIGURA 18.7. Instalación de almacenamiento de residuos radioactivos en El Cabril (Córdoba).

18.6. DESARROLLO SOSTENIBLE

A lo largo de este tema hemos revisado algunos de los efectos que la actividad antropogénica ha ocasionado sobre el medio ambiente, y que a lo largo del siglo XX han ido contribuyendo a incrementar la sensibilidad medioambiental de la opinión pública y han impulsado a los gobiernos a tomar medidas para contrarrestar el grave deterioro que sufre el planeta Tierra.

Hasta la Cumbre de Río, han sido numerosas las conferencias y reuniones internacionales sobre el medio ambiente, debido a la creciente preocupación de todos los países por los problemas ambientales. Las más importantes han sido:

La ***Conferencia de la Biosfera.*** Organizada por la UNESCO y celebrada en París en1968. En ella, por primera vez se hizo patente que *«la utilización y la conservación de los recursos deben ir unidas»*, lo que sería el antecedente del concepto de desarrollo sostenible.

El ***Club de Roma.*** Reunión de personalidades independientes preocupadas por el medio ambiente, celebrada en 1972, en el que se hizo publico el informe *«Los límites del crecimiento»*, donde se exponía que la manera de disminuir los problemas ambientales era detener el desarrollo y propiciar el *«Crecimiento cero»*. En dicho informe se desmontaba la teoría del desarrollo ilimitado, imperante hasta el momento, al tiempo que se intentaban definir los límites que no podrían sobrepasar las actividades humanas sin causar daños irreparables al medio.

La ***Conferencia de las Naciones Unidas sobre el Medio Ambiente Humano.*** Se celebró en Estocolmo en 1972, y fue la primera reunión de dirigentes políticos del mundo para tratar temas ambientales.

Fue convocada por la presión social de las asociaciones conservacionistas y ecologistas y por la toma de conciencia de los estados sobre los problemas ambientales. En ella se discutió *«el futuro de nuestra especie y el hábitat en que vive»*.

La conferencia de Estocolmo fue el punto de partida de una nueva y más amplia visión, que puso de manifiesto la interdependencia entre desarrollo y crisis ambiental. Ello se tradujo en que los diferentes países promulgaron diversas leyes destinadas a la protección ambiental. Otro fruto importante fue recomendar la constitución del llamado **Programa de las Naciones Unidas para el Medio Ambiente (PNUMA)** que ha propiciado importantes ayudas a los países menos desarrollados y de protección ambiental.

La **Comisión Mundial del Medio Ambiente y Desarrollo.** Fue creada en 1983 por la ONU y recibió un encargo muy claro: elaborar un informe para el cambio. Sus trabajos quedaron plasmados en el informe denominado ***Nuestro futuro común*** (1987), más conocido como *Informe Brundtland,* en honor de la primera ministra de Noruega, Gro Harlem Brundtland, (Figura 18.8) presidenta del equipo que lo elaboró. El informe aportó una definición que contenía el núcleo de la idea de sostenibilidad. Según se dice en el informe, una sociedad sostenible sería aquella que *«presta atención a las necesidades del presente sin comprometer la capacidad de las generaciones futuras para hacerse cargo de sus propias necesidades»*.

El informe constaba de tres partes: preocupaciones comunes, tareas comunes y esfuerzos comunes. En el capítulo de ***preocupaciones comunes*** trataba de la pobreza, de la crisis económica, del desarrollo sostenible, de las estrategias urgentes para lograrlo, y de la influencia en todo ello de la economía mundial. En el de las ***tareas comunes*** hacía referencia al crecimiento demográfico, al uso de los recursos alimenticios, a la utilización de especies y ecosistemas para lograr el desarrollo sostenible, al uso de la energía, a la necesidad de lograr industrias productivas con el menor número de recursos y al problema del crecimiento de las ciudades. Por último en ***esfuerzos comunes*** trataba las leyes internacionales de protección de los ecosistemas compartidos por varios estados, como son los océanos, la Antártida o el espacio. También analizaba los grandes impactos de las guerras sobre el medio ambiente, y la necesidad de evitarlas.

FIGURA 18.8. Gro Harlem Brundtland.

La ***Conferencia de las Naciones Unidas sobre el Medio Ambiente y el desarrollo,*** más conocida como la Cumbre de Río o la Cumbre de la Tierra, se celebró en Río de Janeiro (Brasil), en 1992. Su objetivo fundamental era que los Jefes de Estado y de Gobierno (de los 178 países asistentes 93 estuvieron representados por sus Jefes de Estado o de Gobierno) adoptaran las decisiones necesarias para emprender la transición a un desarrollo ambiental viable y sostenible, de acuerdo con las conclusiones del Informe Brundtland. Se pretendía alcanzar acuerdos jurídicos vinculantes y establecer mecanismos adecuados de seguimiento y control.

En la cumbre de Río se elaboraron cinco grandes documentos: el convenio sobre cambio climático, el convenio sobre la biodiversidad, el uso racional de los bosques, la Agenda 21 y la declaración de Río.

El ***convenio sobre el cambio climático*** se ha tratado anteriormente en este mismo tema.

En el ***convenio sobre la biodiversidad*** se intentó poner freno a la pérdida de biodiversidad. El texto hacía alusión a la propiedad de los recursos genéticos, a la necesidad de pagar a los países propietarios por su utilización y a la forma en que los países desarrollados financiarían a los países en vías de desarrollo, para que pudiesen conservar los recursos (ver Tema 10).

El ***documento sobre los bosques***. Es un texto sin valor jurídico, que reconoce a los países en desarrollo su soberanía en el uso de los recursos forestales y regula el comercio internacional de la madera, para lograr un mantenimiento sostenible de este recurso.

La ***Agenda 21***. Basado en el informe «*Nuestro futuro común*», es un plan de acción destinado a proteger y preservar el ambiente global en el siglo XXI. Analiza los problemas económicos y sociales, los aspectos de conservación y gestión de los recursos para el desarrollo, el fortalecimiento del papel de los principales grupos sociales (mujeres, infancia, juventud, poblaciones indígenas) y los mecanismos de ejecución de las iniciativas que se tomen sobre todos estos aspectos.

La ***declaración de Río***. Es un documento sobre el medio ambiente y el desarrollo que firmaron todos los países asistentes a la cumbre, comprometiéndose a tratar de proteger la integridad del sistema ambiental y a alcanzar el desarrollo sostenible a nivel mundial.

Aunque las expectativas suscitadas no se cumplieron por el bloqueo de ciertos países a la toma de decisiones y por la no ratificación de algunos acuerdos por otros, la Cumbre de Río despertó la conciencia de todas las naciones hacia los grandes problemas ambientales que amenazan la Tierra. Paralelamente a la reunión oficial se desarrolló una cumbre alternativa, llamada Foro Global, a la que asistieron 350 organismos no gubernamentales.

Desde esa primera Cumbre de la Tierra, las Naciones Unidas han organizado dos cumbres mundiales para evaluar el progreso alcanzado en la implantación del desarrollo sostenible: ***Cumbre para la Tierra + 5***, celebrada en Nueva York en 1997 y ***Cumbre para la Tierra + 10*** en el 2002 llamada también Cumbre de Johannesburgo (Sudáfrica). Durante estos dos eventos mundiales la evaluación general evidenció cómo el progreso en las temáticas discutidas era desalentador; la pobreza había aumentado y la degradación ambiental había empeorado. Como consecuencia de este hecho, el objetivo de la Cumbre de Johannesburgo era la de sentar las bases de un nuevo enfoque, orientado hacia la acción a través del establecimiento de una serie de metas, cronogramas y compromisos para la promoción del ***desarrollo sostenible*** (Figura 18.9).

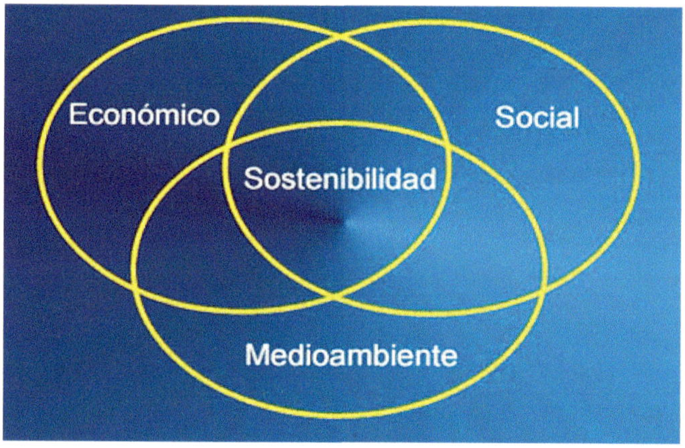

FIGURA 18.9. El desarrollo sostenible es una nueva forma de relacionarse la humanidad con el medio ambiente.

El concepto de desarrollo sostenible ha recibido numerosas críticas; una de ellas está basada en el propio concepto, ya que este sólo sería la expresión de una idea de sentido común, de la que aparecen indicios en numerosas civilizaciones que han intuido la necesidad de preservar los recursos para las generaciones futuras.

Otras críticas se apoyan en el carácter contradictorio de desarrollo y medio ambiente y argumentan que el desarrollo sostenible es una manipulación de los partidarios del crecimiento económico.

Es también motivo de controversia el que la sostenibilidad se preocupe por las generaciones futuras pero no diga nada acerca de las tremendas diferencias que se dan en la actualidad entre quienes viven en un mundo de opulencia y quienes lo hacen en la mayor de las miserias.

Algunos cuestionan la idea misma de la sostenibilidad en un universo regido por el segundo principio de la termodinámica, que marca el inevitable crecimiento de la entropía hacia la muerte técnica del universo.

18.7. GESTIÓN MEDIOAMBIENTAL

La ***gestión ambiental*** es necesaria para paliar los efectos generados a consecuencia de la degradación progresiva del medio natural, que se traduce en contaminación y mala gestión de los recursos atmosféricos, hidráulicos, geológicos, edafológicos y paisajísticos, en la ruptura del equilibrio biológico y de las cadenas tróficas, como consecuencia de la destrucción de diversas especies vegetales y animales. Se precisa también para regular la demanda creciente de espacios y servicios, como consecuencia de la movilidad de la población y el crecimiento del nivel de vida.

Los instrumentos para llevar a cabo la gestión ambiental son, entre otros:

Estudios científicos. Es necesario conocer cómo funcionan y evolucionan los ecosistemas así como las consecuencias de las posibles alteraciones producidas como resultado de su uso. Para todo ello hay que financiar la formación de especialistas que puedan tanto identificar los síntomas de alteración de los ecosistemas como aportar soluciones para evitar consecuencias catastróficas.

Educación ambiental. El primer pronunciamiento explicito sobre la necesidad de una educación ambiental (EA) se produjo en la Conferencia de Estocolmo (1972) y destacaba la importancia de las personas jóvenes en la defensa del medio ambiente. A raíz de esta conferencia internacional 113 países, incluida España, se comprometieron a instaurar programas de EA en todos los grados de enseñanza.

El acontecimiento más importante en la historia de la EA fue, sin duda, la Conferencia Intergubernamental de Tbilisi (Georgia), en 1977. En ella se precisaron los objetivos y prioridades de la EA que se desarrollan en la actualidad y se consideró que el objetivo fundamental era lograr que las personas captasen la complejidad del medio natural y del entorno creado por la humanidad y así lograsen los conocimientos, valores, comportamientos y habilidades prácticas necesarias para participar, de manera eficaz y responsable, tanto en la prevención y resolución de problemas como la gestión de la calidad del medio ambiente.

Ordenación del territorio. Su objetivo fundamental es conocer las características del medio y valorar los recursos naturales con el fin de ordenar los posibles usos del mismo, estableciendo restricciones o prioridades, de modo que el uso del territorio sea el más adecuado a sus características y permita la conservación de los recursos. Puede llevarse a cabo mediante la valoración de la capacidad de acogida de cada zona para aquellas actividades a las que puede ser destinada (viviendas, carreteras, actividades forestales, etc.) y la ordenación del territorio se apoya en la aptitud, capacidad o vocación del territorio y en el impacto ambiental, es decir en la variación de la calidad ambiental después del asentamiento, actividad o uso, respecto a la situación inicial.

Por tanto el principio fundamental de la ***ordenación del territorio*** debe ser maximizar la aptitud y minimizar el impacto.

Legislación ambiental. La Constitución española (Artículo 45). Título Primero. Derechos Fundamentales) establece los principios básicos en materia medioambiental, que son referencia obligada y básica para el desarrollo legislativo posterior.

La actual legislación estatal y autonómica de nuestro país permite la protección de los espacios naturales bajo diferentes figuras; Parques Nacionales, Parques Naturales, Reservas Naturales, Monumentos Naturales, Paisajes protegidos, etc. La selección de la figura de conservación suele depender del grado de protección que se pretenda otorgar a cada espacio en concreto.

Los problemas ambientales traspasan las fronteras nacionales y exigen una eficaz cooperación internacional para su resolución. Por otra parte muchos espacios naturales aunque estén situados en países concretos, han sido declarados patrimonio de la humanidad. Todo esto ha motivado que en el campo ambiental haya declaraciones, convenios y normativas de carácter internacional (Tabla 18.2).

TABLA 18.2. Legislación ambiental con aplicación en España

Ámbito	Tipos de legislación
Internacional	Convenios Internacionales
Unión Europea	Reglamentos, Directivas y Decisiones Comunitarias
Estatal	Leyes, Reglamentos y Ordenes Ministeriales
Autonómico	Leyes y Decretos Autonómicos
Local	Ordenanzas Municipales

Los convenios internacionales tratan temas concretos que afectan a todos o a varios países. Hay muchísimos dedicados a temas medioambientales y, a modo de ejemplo, citamos algunos:

- Convenio de Ramsar.– Protege los humedales por su gran importancia como hábitats para las aves acuáticas.
- Convenio de Berna.– Sobre la conservación de la fauna y de la flora salvajes y de sus hábitats naturales en Europa.
- Convenio de Bonn.– Sobre la conservación de especies migratorias.
- Convenio de Washington (CITES).– Sobre el comercio internacional de especies amenazadas de la flora y la fauna silvestres.
- Convenio de Ginebra.– Sobre la contaminación atmosférica transfronteriza a gran distancia.
- Convenio de Viena.– Sobre la protección de la capa de ozono.
- Convenio de Basilea.– Sobre el control de los movimientos transfronterizos de los desechos peligrosos y su eliminación.
- Convenio de Río.– Sobre la diversidad biológica
- Convenio Marco de las Naciones Unidas sobre el Cambio Climático (Río de Janeiro).

Los temas ambientales tienen un gran peso en la Unión Europea y da idea de su importancia el que alrededor de la tercera parte de lo que se legisla se refiere a este tema. Los tres tipos más importantes de disposiciones comunitarias son los Reglamentos, las Decisiones y las Directivas. Los Reglamentos y las Decisiones se aplican directamente en todos los países miembros, mientras que las Directivas son de obligado cumplimiento pero es cada uno de los países el que tiene que hacer sus leyes concretas para aplicarlas en su propio territorio.

EJERCICIOS DE AUTOCOMPROBACIÓN

1. ¿Qué diferencia existe entre contaminantes primarios y secundarios? ¿Cuáles son los más contaminantes de cada grupo?
2. Explicar el ciclo natural de formación y destrucción del ozono
3. ¿Qué riesgos entraña la eutrofización de las aguas?
4. Indicar tres actividades humanas que han cambiado totalmente los ecosistemas naturales existentes antes de su presencia.
5. Explicar en qué consiste y en qué principios se basa el llamado desarrollo sostenible.
6. ¿Por qué son necesarios, en materia medioambiental, los convenios internacionales? Citar dos problemas medioambientales que trasciendan las fronteras nacionales.
7. La educación ambiental es uno de los instrumentos fundamentales en la gestión ambiental. Indicar que se pretende con ella, según la Conferencia de Tbilisi, y citar algunas formas de llevarla a cabo, desde la escuela, ayuntamientos y desde el propio Estado.

BIBLIOGRAFÍA

BEGON M., HARPER J. L., TOWNSEND C. R.: *Ecología: individuos, poblaciones y comunidades*. Omega, 1999.

KREBS C. J.: *Ecology: the experimental analysis of distribution and abundance*. Benjamin Cummings, 2001.

KREBS C. J.: *Ecología*. Pirámide, 1986.

MARGALEF R.: *Ecología*. Omega, 1998.

MARGALEF R.: *Ecología*. Planeta, 1992.

MOLLES M. C.: *Ecology: concepts and applications*. McGraw-Hill, 2005.

NEBEL B. J., WRIGHT R. T.: *Ecología y desarrollo sostenible*. Prentice-Hall, 1999.

ODUM E. P.: *Ecología*. Interamericana, 1992.

ODUM E., BARRETT G. W.: *Fundamentals of Ecology*. 5.ª Ed. Thomson, 2005.

RICKLEFS R. E.: *Invitación a la ecología: la economía de la naturaleza*. Médica Panamericana, 2001.

SMITH R. L., SMITH T. M.: *Ecología*. Adison Wesley, 2000.

TOWNSEND C. R., BEGON M., HARPER J. L.: *Essentials of Ecology*. Blackwell, 2003.

TYLER MILLER G.: *Ecología y medio ambiente*, Grupo Editorial Iberoamericana, 1994.

ÍNDICE DE TÉRMINOS